福利！

基地喊你快来玩耍吧

为助力“双减”，南京市 7 家科普教育基地对青少年群体联合推出免票、低价票福利。

门票使用说明：

1. 本票仅限 16 周岁以下（含 16 周岁）青少年使用，且需一名成人陪同（成人票自理）。
2. 本票仅作为入场门票使用，对基地内其他收费项目无效。
3. 需持《南京市手绘科普地图》及有效身份证件入场。
4. 本票仅可使用一次，使用期限为 2024 年 4 月 1 日前。
5. 咨询电话（工作日）：025-86646009。

南京市

手绘科普地图

夏军 主编

江苏大学出版社
JIANGSU UNIVERSITY PRESS
镇 江

图书在版编目(CIP)数据

南京市手绘科普地图 / 夏军主编. -- 镇江 : 江苏大学出版社，2023.6

ISBN 978-7-5684-1986-4

Ⅰ. ①南 … Ⅱ. ①夏 … Ⅲ. ①科学普及－普及教育－南京－图集 Ⅳ. ①G322.753.1-64

中国国家版本馆 CIP 数据核字(2023)第 059467 号

南京市手绘科普地图

Nanjing Shi Shouhui Kepu Ditu

主　　编/夏　军

责任编辑/柳　艳

出版发行/江苏大学出版社

地　　址/江苏省镇江市京口区学府路 301 号（邮编：212013）

电　　话/0511-84446464（传真）

网　　址/http://press.ujs.edu.cn

印　　刷/江苏品尚印务有限公司

开　　本/890mm×1 240mm　1/16

印　　张/6

字　　数/150 千字

版　　次/2023 年 6 月第 1 版

印　　次/2023 年 6 月第 1 次印刷

书　　号/ISBN 978-7-5684-1986-4

定　　价/59.00 元

编委会成员

主　任

方胜昔

副主任

夏　军　刘启祥　王愿华

编　委　（以姓氏笔画为序）

王东林　庄禹森　衣龙腾　孙小中　李云云　李智军　何　斌
谷业顺　张天宝　陆　俊　陈　军　周根明　赵　翔　徐孝林
郭　涛　黄梦茹　程学锋

编写组成员

主　编

夏　军

副主编

李鲜明　陈庆大　徐　阳

参　编

江　艳　谢雨馨　曹　语　季　凡

序言

PREFACE

习近平总书记指出，要加强国家科普能力建设，深入实施全民科学素质提升行动，线上线下多渠道传播科学知识、展示科技成就，树立热爱科学、崇尚科学的社会风尚。要在教育“双减”中做好科学教育加法，激发青少年的好奇心、想象力、探求欲，培育具备科学家潜质、愿意献身科学研究事业的青少年群体。

近年来，江苏省科学技术协会深入实施《全民科学素质行动规划纲要（2021—2035年）》，推进新时代科普工作模式转型升级，充分发掘利用社会科普资源，鼓励、支持、引导社会各界提供高质量科普公共服务，推动江苏省全民科学素质不断提高。2022年，全省共有63家单位入选2021—2025年全国科普教育基地名单，有141家单位被认定为省级科普教育基地。这些基地中，既有高校科研机构的专业技术馆，也有各类面向社会开放的科普场馆，还有很多散布于城市之中不为人所熟知的小型特色主题馆。如何有效发挥各级各类科普教育基地的作用，让公众特别是青少年主动走进基地接受科普教育，是我们需要研究和推动的重点工作。

《南京市手绘科普地图》一书的出版，有效填补了科普教育基地宣传方面的空白。图书采用青少年喜爱的手绘地图方式，图文并茂地宣传和推介科普教育基地，引导社会、学校和家庭关注科普教育基地丰富的资源，全面服务教育“双减”政策，让走进科普教育基地成为生活时尚，这对加强科普能力建设，提高公民科学素质将发挥积极的作用。

江苏省科学技术协会副秘书长、江苏省科学传播中心主任

夏 军

注：本书所有基地名称以中国科学技术协会、江苏省科学技术协会公示名单为准。

目录

CONTENTS

来这里，听中国科学家的故事

在中华民族伟大复兴的征程上，一代又一代科学家心系祖国和人民，不畏艰难、无私奉献，为科学技术进步做出了重大贡献。为弘扬科学家精神，2022年中国科协、江苏省科协分别牵头认定并发布了首批国家级、省级“科学家精神教育基地”名单，南京共有7家教育基地上榜。

（基地排名不分先后）

国家级 省级

中国科学院南京地质古生物研究所李四光先生办公旧址暨南京古生物所所史馆

地址：南京市玄武区鸡鸣寺景区南侧

通过实物场景、历史资料、视频互动等形式展示李四光办公旧址、旧居等，配合专兼职人员讲解，宣传李四光精神。

李四光

中国地质之父

1889—1971

杰出的地质学家，新中国地质事业的开拓者与奠基人，100位新中国成立以来感动中国人物之一。他发现了第四纪冰川遗迹，奠定了第四纪地质、地理等方面的基础；创建了地质力学；发现了大庆等油田和一系列铀矿床，摘掉了新中国“贫油”的帽子……

国家级 省级

南京理工大学王泽山精神教育基地

地址：南京市玄武区孝陵卫街200号

通过王泽山院士事迹报告团、成果专题展、泽山育才基金等系列举措，在全社会形成尊重知识、崇尚创新、尊重人才、热爱科学、献身科学的浓厚氛围。

王泽山

中国火炸药“三冠王”

1935—

中国工程院院士，南京理工大学教授，著名火炸药学家。他创立了“发射装药学”；在火炸药领域潜心研究，突破了多项世界性技术瓶颈；推动中国火炸药研究应用自主创新，为实现中国武器装备现代化和推进军民融合发展做出了卓越贡献。

国家级 省级

南京信息工程大学“气象大家”科学家精神教育基地

地址：南京市浦口区宁六路219号

以继承和弘扬竺可桢、涂长望等气象科学家“胸怀家国、无私奉献”的精神为核心，展示了气象科学家们的求学生活经历及投身科研、报效祖国的故事。

竺可桢

中国地理学和气象学奠基人

1890—1974

中国科学院院士，中国近代地理学和气象学的奠基人。他率先提出季风系统概念；首创区域气候研究；确定中国八大气候区，确立气候区划和自然区划的基本轮廓；主持建立了40多个气象站和100多个雨量测量站，为中国气象事业的起步打下了坚实的基础。

国家级

中国雷达工业发源地展馆

地址：南京市雨花经济开发区
中国电科十四所园区内

该馆展示了中国雷达工业从诞生、起步发展、修配仿制、支援抗美援朝、三线建设到自主创新、强军兴军、高水平科技自立自强等发展历程，以及不同时期中国雷达人的科学精神。

张直中

中国雷达事业的“掌门人”

1917—2011

中国工程院资深院士，中国雷达科学技术的开拓者和奠基人。他主持研制了中国第一部中程警戒雷达、中国第一部单脉冲跟踪雷达等，缩小了我国雷达与国际先进水平的差距。

国家级

南京农业大学 中华农业文明博物馆

地址：南京市玄武区卫岗1号

该馆是我国首个系统收藏、研究、展示中国农业历史与文化的专题博物馆，展示了农业起源、农业技术发展、农业制度演变和农业科学家们的奋斗精神。

樊庆笙

中国农业微生物学的开创者

1911—1998

著名农业微生物学家，农业教育家，中国农业微生物学的开创者之一。他参与创建了中国第一座血库、第一座厌氧微生物实验室，开创了中国农业微生物学。他研制出中国第一批青霉素制剂，被誉为“中国青霉素之父”。

省级

张钰哲先生办公旧址 暨紫金山天文台台史馆

地址：南京市玄武区石象路7号

该馆展示了张钰哲使用过的办公家具、图书资料等，结合其生平事迹系列展板、照片、讲解等，让观众近距离感受并传承张钰哲身上的科学家精神。

张钰哲

璀璨星空的探路者

1902—1986

“中华”小行星的发现者，中国近代天文学的奠基人，参与领导中国天文事业的发展，为我国“两弹一星”做出开创性贡献。他发起并组织了中国第一次运用现代科学方法的日食观测行动，拍摄了中国境内的第一张日全食照片和第一部日全食彩色影片。

省级

东南大学建筑学院 科学家精神教育基地

地址：南京市玄武区四牌楼2号

依托中大院、前工院、童寯图书馆、杨廷宝故居，开设科学精神主题展览、高水平学术讲座，并结合“中大院”微信平台进行线上宣传交流。

杨廷宝

“中国建筑五宗师”之一

1901—1982

被誉为“造了半座南京城”的建筑大师，与吕彦直、梁思成、童寯、刘敦桢并称“中国建筑五宗师”，其门下弟子有吴良镛、齐康、钟训正、程泰宁等多名院士。他设计的多项建筑作品被列入国家、省、市各级重点文物保护单位名录。

玄武

06 中国北极阁气象博物馆

该馆是国内第一个气象专业性博物馆，被中国气象局和科技部联合授予“国家气象科普基地”称号，也是全国首批中小学生研学实践教育基地之一。室内展区凝练地介绍了自夏商西周起至今数千年灿烂的中华气象文明史，让人非常震撼。

12 南京博物院

南京博物院是中国三大博物馆之一，是国家AAAA级旅游景区、全国重点文物保护单位和中国20世纪建筑遗产。馆藏文物上至旧石器时代、下迄当代，均为历朝历代的珍品佳作和备受国内外学术界瞩目的珍品。珍贵文物数量居中国第二，仅次于故宫博物院。

02 南京古生物博物馆

该馆是世界上最大的古生物专业博物馆之一。博物馆以古生物化石为本，以古无脊椎动物、古植物和微体古生物为主，藏品丰富，展品精美，其中尤以“澄江动物群”和包括“中华龙鸟”在内的“热河生物群”化石标本最为珍贵，堪称国宝级的化石精品。

科普小知识

了解更多知识关注“南京理工大学兵器博物馆”

中国现装备

世界水平

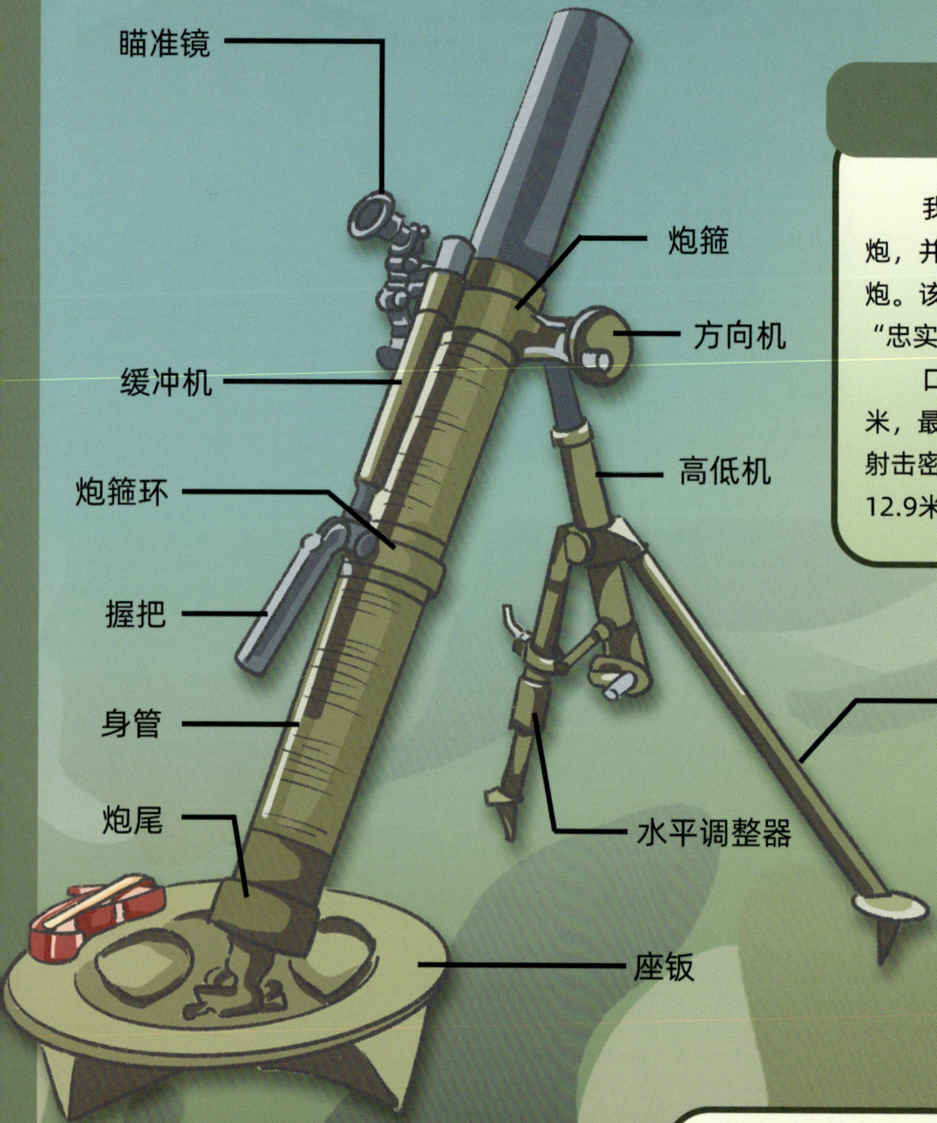

PP89式60毫米迫击炮

我国于1983年10月开始研制新一代60毫米迫击炮，并于1985年定型生产，命名为PP89式60毫米迫击炮。该炮装备步兵连。该炮跟得上、打得准，是步兵的“忠实伴侣”。1987年登上老山前线，屡建战功。

口径60.75毫米，全炮重14.3千克，炮管长790毫米，最大射程2672米，弹重1.33千克，射速30发/分，射击密集度：距离 1/200、方向1/350，密集杀伤半径12.9米。

PP89 本炮获1990年国家科技进步二等奖。已装备中国人民解放军全军。

唐治 中国顶尖迫击炮专家

PP89式和PP93式迫击炮的总设计师

南京理工大学教授

的两门

的60毫米迫击炮

PP93式远射程60毫米迫击炮

该炮是我军山地步兵营、空降兵、海军陆战队、快速机动部队的压制火炮，它结构简单、重量轻、射程远、威力大、机动性好。其各项战术、技术指标，达世界最好水平。

该炮已装备中国人民解放军全军。它的研制成功，标志着国产迫击炮的研制开发能力已处于世界领先水平。该炮获原兵器工业部科技进步一等奖，获国家科技进步二等奖。

口径60.75毫米，炮管长1300毫米。

全炮重22.9千克，炮身重9.4千克，炮架重5.8千克，座钣重7.7千克。炮弹重2.18千克。

密集杀伤半径17.8米，最大初速329米/秒，最大射程5532米，高低射界45°~85°，可圆周射击。

最小射程102米（不带闭气环）。

该炮构筑工事简单，v形筋钣的上翻边圆型窗式座钣是创新设计，稳定性非常好。火炮射击密集度达到1/280X1/280，是理想的营级压制火炮。炮弹的引信性能也相当好，在山地、乱石坡、水面和鹅卵石滩地的发火率均为100%。

此外，该炮能背能扛，单人单炮射击也相当容易，在紧急情况下可不必构筑座钣坑，直接实施射击，反应速度之快显而易见。不论进攻还是防御，也不论乘车还是徒步，该炮都能够以迅速的伴随行动和可靠的射击动作支援步兵战斗，用猛烈的炮火压制歼灭敌人！

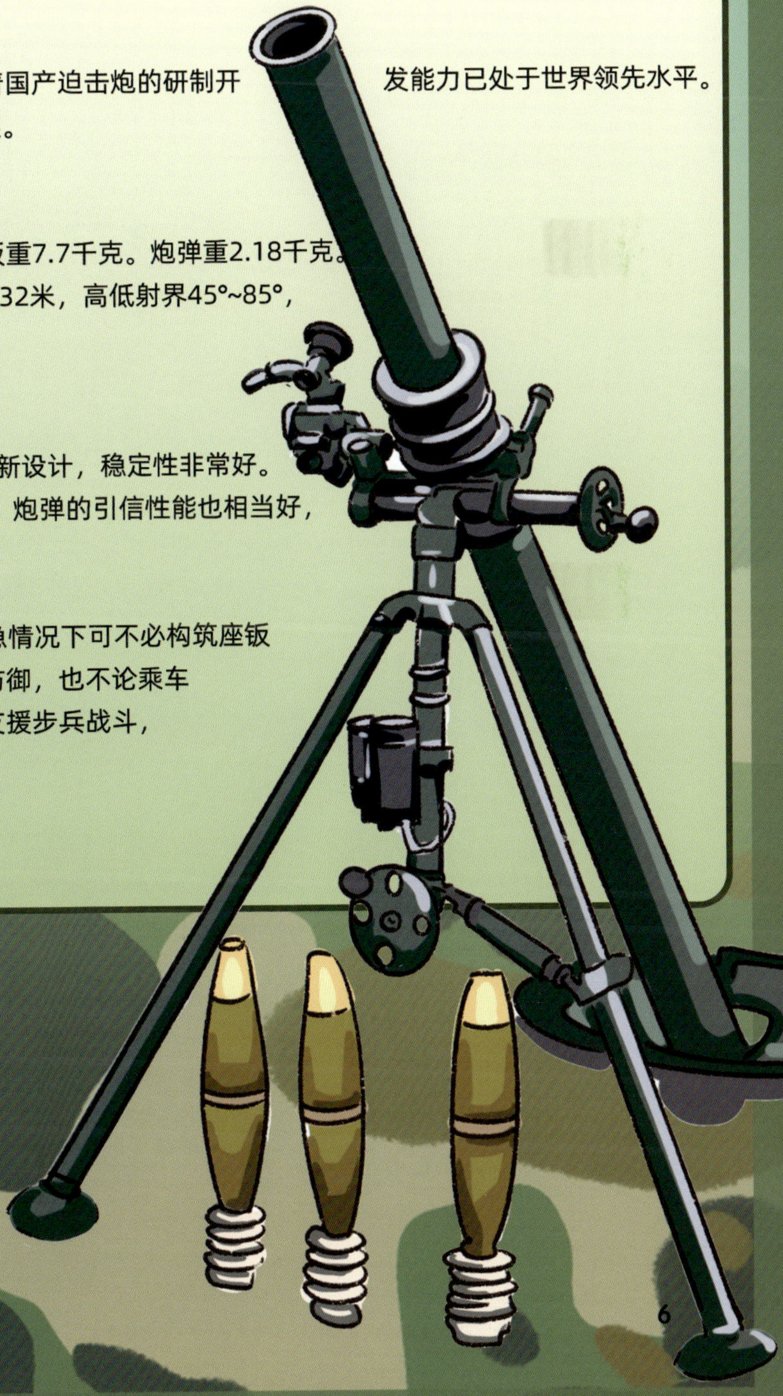

科普小知识

了解更多知识

关注“南京紫金山昆虫博物馆”

让人“哇”出

蝴蝶，被誉为有生命的“图画”、会飞行的“花朵”。全球蝴蝶有14000多种，中国有1200多种。

蝴蝶是如何寻找食物的？

蝴蝶通过嗅觉来寻找食物——蜜源植物。蝴蝶的足，具有味觉功能，可以辨别食物的味道，从而最终决定是否选择吸食花蜜。

飞行全靠“太阳能板”？

蝴蝶的飞行主要靠太阳能。蝴蝶翅鳞片上的光子晶体结构有着超强的光能捕捉能力，被捕获的太阳能经过多重的反射、折射转化为热能，传输至虫体胸部，再从虫体胸部转化为蝴蝶展翅飞翔的生物能。

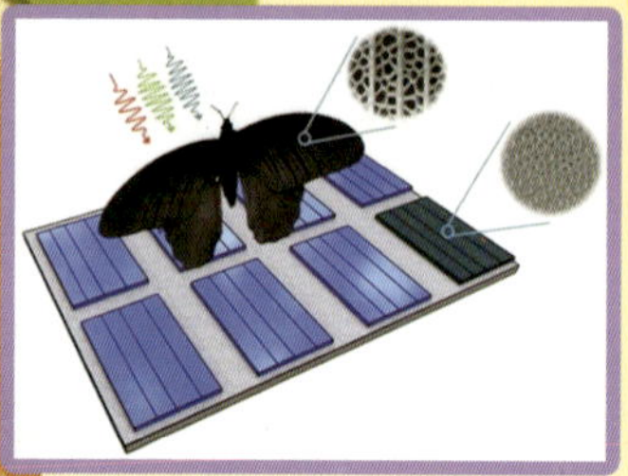

蝴蝶为什么喜欢鲜艳的颜色？

蝴蝶偏爱鲜艳的颜色，主要是由于上亿年的进化。蝴蝶有12000多个小眼睛，组成复眼，它的视觉效果非常强，能够识别5种基础色，比人类看到的多2种，因此蝴蝶眼中的世界要比人类精彩得多。开花植物为了吸引蝴蝶传授花粉，提升了花蜜含量和颜色鲜艳度，刺激蝴蝶的嗅觉和视觉。

蝴蝶翅膀上的花纹有何作用？

吸引配偶。大多数蝴蝶羽化后的存活时间都很短，只有一到两周。为了传宗接代，它们必须争分夺秒地找到心仪的配偶，这时美丽的花纹就成了好帮手。

迷惑、恐吓敌人。有些蝴蝶的花纹看上去像大大的眼睛，捕食者看见会吓得灰溜溜地跑掉。

隐藏、伪装自己。枯叶蛱蝶被追捕时，会以一种无规律的方式飞行，然后迅速落入植物叶片之间并将翅膀合拢，静止不动，假装自己是一片晒干的枯叶。

声来的蝴蝶

中国国蝶：金斑喙凤蝶

中国特有品种，被誉为“梦幻中的蝴蝶”。主要栖息于海拔1000米左右的常绿阔叶林山地，不易被发现和捕获。

美国国蝶：君主斑蝶

又称黑脉金斑蝶或帝王蝶，是地球上唯一的迁徙性蝴蝶。每年9月左右会飞行3000多千米，以成蝶的姿态度过寒冬。

澳大利亚国蝶：天堂凤蝶

生活于新几内亚的热带丛林中。翅形优美而巨大，全身在黑天鹅绒质的底色上闪烁着蓝色光泽，被认为是来自天堂的使者。

哥伦比亚国蝶：塞浦路斯闪蝶

雄闪蝶的翅上有绚丽的金属般光泽，这与翅上的鳞片有关。当光照到翅上时，会产生折射、反射等现象。

马来西亚国蝶：翠叶红颈凤蝶

雄蝶具有成群吸水的习性，常快速飞行于树冠层或在开阔的森林边缘穿梭。雌蝶喜于晨间或黄昏时飞至野花吸蜜。

印度国蝶：金带喙凤蝶

巴西国蝶：太阳闪蝶

不丹国蝶：多尾凤蝶

秘鲁国蝶：海伦娜闪蝶

雄蝶后翅有一个金黄色的带状斑块，还有一条剑似的长尾，末端呈现一小截金黄色，犹如仗剑而立的帝王。

翅膀色彩犹如东方日出，又名东方红。在朝霞的照射下，上半身仿佛透明。它们可以一整天连续飞行。

以黑白线条为主，鲜亮的红黑色眼斑让它们的下翅格外耀眼，是褐凤蝶属中最美丽的蝴蝶，被称为“高山美人”。

又称光明女神蝶，号称“世界上最美丽的蝴蝶”。它们喜欢快速飞翔，并以坠落果实的汁液为食。

秦淮

09 南京市民俗博物馆

该馆是研究、展示、保护南京民俗及南京非物质文化遗产的专业性博物馆，是**南京唯一的“双博馆”**，馆址为全国重点文物保护单位——甘熙宅第，是目前我国大中城市中**规模较大、保存较完整的清代民居建筑群。**

01 晨光1865创意产业园

该产业园的前身为清朝同治四年(1865)创建的金陵机器制造局，是当时的四大兵工厂之一，**开创了中国近代军事工业和兵器工业的先河。**园内完好保留有50余栋优秀工业建筑，包括9栋清朝厂房、21栋民国厂房及新中国成立后的厂房若干，堪称一座反映中国近代工业建筑历史演变的展览馆。

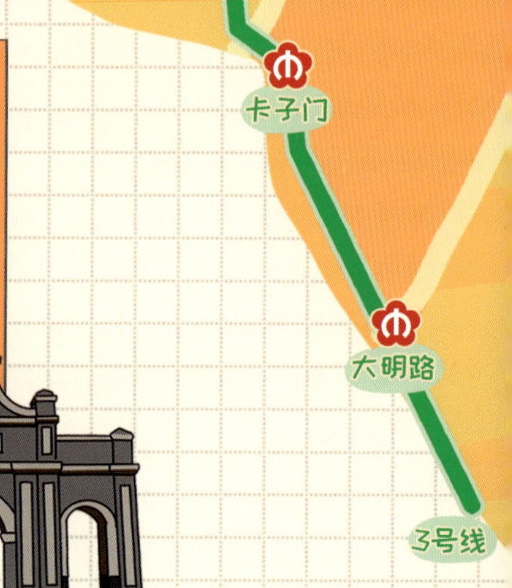

⑭ 南京航空航天大学附属高级中学航空博物馆

该馆内有仿真模型飞机、像真模型飞机70多架，还有各类竞赛用航空模型近30架，以及大量的航空发展历史图片和知识介绍。展馆内陈列的**一战时期“红色男爵”**模型全国少有，此外还有二战中的经典战机和我国的初级教练机。

神秘的眼球世界

眼睛是一个直径大约23毫米的球状体，是我们重要的视觉器官。我们接收外界信息80%要靠视觉，那眼睛是如何看清事物的呢？今天就带大家来探索“神秘的眼球世界”。

角膜：光线进入眼球的第一道关口

角膜是透明的，隔着角膜我们能看到黑褐色的虹膜，所以角膜又称"黑眼珠"。

角膜像个单侧凸透镜，对光线起曲折作用。因其有敏感的神经末梢，当有外物接触角膜时，眼睑便会不由自主地合上以保护眼睛。如果角膜受损严重，愈合后会留下瘢痕，严重的会呈瓷白色，影响视力。

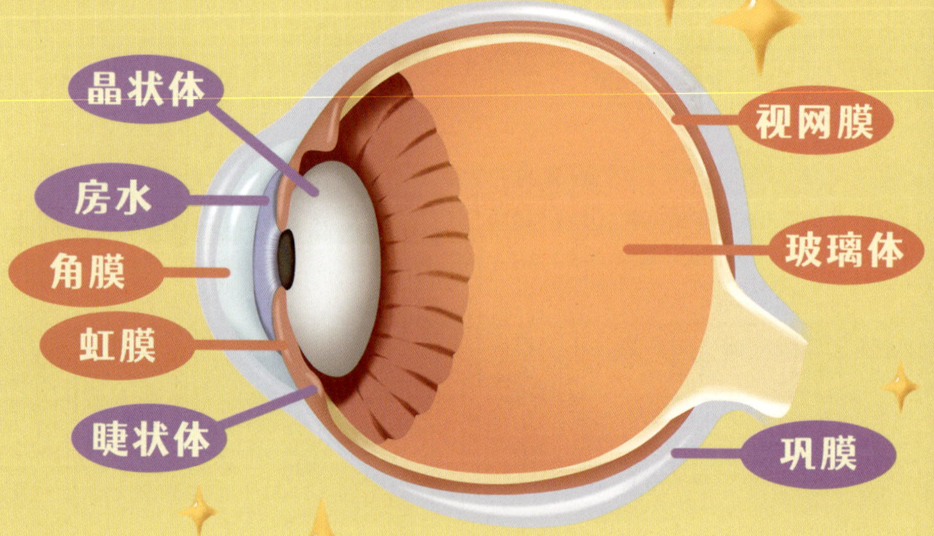

巩膜：失去弹性会出现近视

巩膜又称白眼珠或眼白。巩膜不透明，质地坚韧，有一定的弹性，是眼球的保护层。如果巩膜失去弹性变硬的话，眼睛就容易变形，出现近视。

虹膜：会呈现不同的颜色

虹膜为一圆盘状膜，中央有一孔称瞳孔。光线变强，则瞳孔缩小；光线变弱，则瞳孔放大。

虹膜内色素含量不同，导致虹膜整个或局部的颜色不同。一般来说，白种人虹膜呈灰蓝色，黄种人呈棕黄色，黑种人呈黑色。

睫状体：负责对焦

睫状体切面为三角形，前接虹膜根部，外侧为巩膜，内侧则通过悬韧带与晶状体赤道部相连。其作用是改变晶状体的形状，以向近或远距离的东西对焦。

视网膜：眼球的感光部位

视网膜是一透明的薄膜，它是眼球的感光部位，是注视物体最灵敏的部位。

视网膜具有支持和营养光感受器细胞、遮光、散热及再生和修复等作用。如果视网膜出现问题，会导致黄斑病变、视网膜脱落等一系列眼部问题。

科普小知识

了解更多知识

关注“大眼睛眼健康科普馆”

晶状体：看近、看远全靠它

人既能看近又能看远，全依赖于晶状体的调节。

如果通过晶状体的调节，光线仍然不能聚焦在视网膜上，就属于屈光不正：聚焦在视网膜前，称为近视眼；聚焦在视网膜后，称为远视眼；不能聚焦在一个点，称为散光眼。晶状体变混浊，称为白内障。

房水：维持眼压的“神器”

房水是充满于角膜和虹膜之间的液体。房水有营养角膜、晶体及玻璃体，维持眼压的作用，如果房水产生过多或回流障碍，会导致眼压升高，甚至青光眼。

玻璃体：能缓冲外力并抗震动

玻璃体为透明的胶状物，具有相当的张力，对周围组织能承受一定的压力。若是玻璃体因某种原因出现浓缩或液化，那它的支撑作用就会减弱，易引起视网膜脱离。

知识多一点

近视可以预测

每个孩子都是天生的“远视眼”，不同的年龄具有不同程度的远视储备，远视储备消耗得过早、过快是发展成近视的重要信号。通过检测孩子的眼轴长度、角膜曲率、视力状况、用眼行为等，可以检测孩子的远视储备情况，预测近视发生和发展的情况。

近视是"治"不好的

大部分的近视眼都是轴性近视，是眼球发育过度的结果，其本质是眼轴变长了。眼轴变长后是无法再变短的，就像人长高了无法再变矮一样。

户外运动能预防近视

目前对于“晒太阳预防近视”的理论公认的解释有两种：一是强光照射下，瞳孔缩小使景深加深，模糊减少，抑制近视的发生；二是可能与多巴胺有关。

可以确认的是，户外活动是一种有效的预防近视的手段，每天在阳光下暴露2小时以上，就可以让青少年的近视发生率降低10%以上。

建邺

08 侵华日军南京大屠杀遇难同胞纪念馆

该馆是全国首批国家一级博物馆之一、全国重点文物保护单位、全国首批爱
示范基地之一，也是南京大屠杀死难者国家公祭仪式的固定举办地，具有
知名度。

该馆是关于南京大屠杀历史、日军“慰安妇”制度、世界反法西斯战争胜利的
馆，大量的文物、照片、历史证言、影像资料、档案及遗址**对历史真相做
阐述**，其中，美国牧师约翰·马吉用于拍摄南京大屠杀历史影像的摄影机
被联合国教科文组织列入《世界记忆名录》。

02 江苏省民防教育体验馆

该馆紧扣**防空防灾**主题，集科普、展示、宣传、教育、体验五位一体，让观众在互动体验中增强国防观念和安全意识、掌握应急避灾和自救互救技能。该馆先后被评为全国中小学生研学实践教育基地、国家防震减灾科普教育基地、江苏省国防教育示范基地、江苏省优秀科普教育基地。

教育
国际
博物
的
资料

04 南京云锦博物馆

该馆是国家三级博物馆，其“**南京云锦木机妆花手工织造技艺**”成功入选联合国教科文组织公布的**《人类非物质文化遗产代表作名录》**。该馆的前身是成立于1982年的中国织锦工艺陈列馆。先后被授予全国爱国主义教育示范基地、全国工业旅游示范点、省级科普教育基地等称号。

科普小知识

了解更多知识关注“长江江豚科教中心”

美丽的水中……

长江江……

全球唯一的江豚淡水亚种

长江江豚是世界上现存的约90种鲸豚类动物中唯一全部生活在淡水中的物种。它是长江中唯一的哺乳动物，已在地球上生存了2500万年，被称作长江生态的“活化石”和“水中大熊猫”。

微笑天使，还会“歪头杀”

江豚嘴角上扬，看起来好像在微笑，所以被称为“微笑天使”。但其实，它和其他鲸豚一样没有表情，这只是人类在“以己度豚”。

江豚的脖子明显比一般海豚灵活，可以做出轻微的扭头动作。

憋气菜鸟，可能会溺水

江豚是哺乳动物，间隔十来秒就要到水面呼吸一次，这样高频呼吸几次后，再进行一次几十秒的“长潜”。平均算下来，江豚每分钟要上浮换气2~3次。如果江豚在野外误入渔网，超过3分钟就会溺水死亡。

怀胎11个月，几乎没有双胞胎

江豚的生育率低于其他较小的动物，一般每胎只生一个江豚宝宝，而且要怀胎11个月。江豚宝宝体长一般为70厘米，重5千克。

爸爸不认识自己的崽

在江豚群体里，江豚爸爸一般是不知道自己当了爸爸的。江豚是典型的季节性繁殖动物，4月至10月都会繁殖，比较集中在7月至9月。繁殖季期间雄性江豚对雌性江豚具有一定的攻击性，但江豚是很温和的动物，攻击性行为基本可以忽略不计。

视力不好，但听力很棒

江豚的眼睛很小，位于头部两侧口角上方，只能看清水面上的环境和物体。在浑浊的江水中，江豚主要依靠回声定位系统生存。当江豚发出声波时，声波遇到周边物体会反射回来，它们就能判断出周围物体的位置。

微笑天使

豚

脑袋圆圆、身子胖胖、表情萌萌，
它是历经悠悠岁月的“活化石”，
也是长江健康与否的“指示器”，
它就是长江江豚。

为什么要保护长江江豚？

长江江豚数量曾达数万头。但自20世纪末以来，长江江豚数量快速下降。2017年，它被世界自然保护联盟（IUCN）评定为“极度濒危”物种。2021年，它被中国《国家重点保护野生动物名录》升级为国家一级保护野生动物。

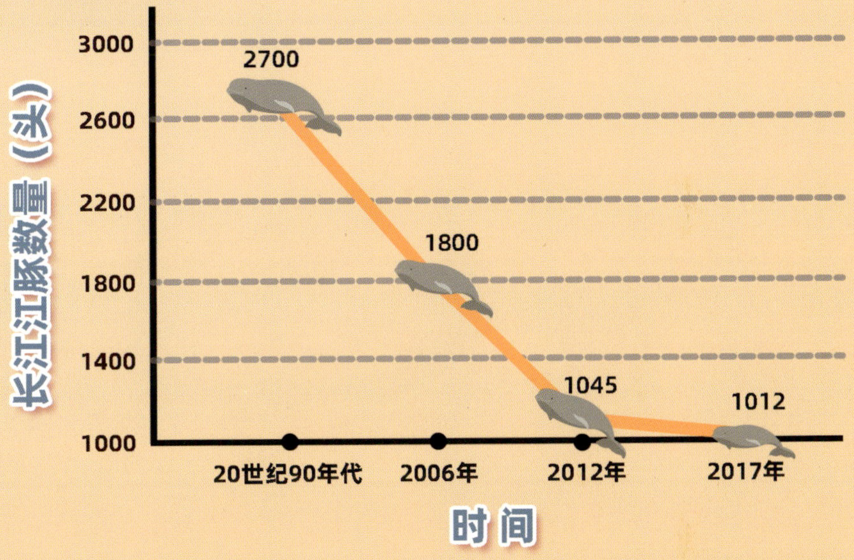

以法之名，守护长江

2021年1月起，中国开始实施长江十年禁渔，长江鱼类在得到休养保护的同时，也给长江江豚提供了食物来源。同年3月1日，中国第一部流域保护法——《中华人民共和国长江保护法》正式实施，给长江江豚保护工作带来了较乐观的前景。

为加强长江江豚及其栖息地保护，江苏已在南京、镇江分别设立保护区开展就地保护，且南京是全国唯一可在市区观测到长江江豚的城市。

保护江豚，从我做起！

1. 在江边游玩的时候，不乱扔垃圾。如果垃圾漂进了江中，不仅污染环境，还可能被好奇的江豚吞食，引发危险。
2. 不要在保护区或江豚活动区等地方钓鱼，不和江豚“抢吃的”。
3. 不随意放生动物、遗弃宠物，避免造成外来物种入侵，破坏生态。
4. 不购买野生鱼，发现违法捕捞行为及时举报。
5. 如发现江豚受伤、搁浅，第一时间报告有关部门或报警，切勿擅自处理，保持距离，避免惊扰江豚。
6. 支持和参与江豚保护活动，从我做起，带动身边的亲朋好友关注长江生态保护。

科普小知识

了解更多知识关注“江苏省淡水水产研究所”

淡水里

密西西比河的大嘴精灵——斑点叉尾鮰(huí)

斑点叉尾鮰又称沟鲶、河鲶、美洲鲶，原产于密西西比河流域，20世纪80年代引入中国，目前中国大部分地区都可以养殖。

斑点叉尾鮰是世界闻名的养殖品种和游钓对象，也是很好的保健食品，具有很好的降血脂、健脑益智、抗衰老、增强免疫力等功能。其食法多样，可以清蒸、红烧、煲汤，还可以将鱼片生炒。

大洋彼岸的冉冉新星——红螯螯虾

红螯螯虾来自澳洲，又称作小澳龙，因其螯上的鲜艳红色膜质而得名。我国于20世纪90年代引入该虾，先在广东、湖北试养成功，后逐步推广到江苏、湖南等省份及北京等地。

该虾食性广、生长快，个体可达500~600克，肉质细嫩、味道鲜美、营养丰富，是目前世界上最名贵的淡水经济虾种之一。

进击的河川之子——沙塘鳢（lǐ）

沙塘鳢泛指沙塘鳢属的鱼，中国境内的品种包括河川沙塘鳢、海丰沙塘鳢、鸭绿沙塘鳢和中华沙塘鳢。

江苏境内的沙塘鳢多为河川沙塘鳢，俗称“四不象”、呆子鱼、癞蛤蟆鱼等，肉多刺少、肉质鲜美，是长三角地区餐桌上的佳肴。

淡水“贵”族——鳜（guì）鱼

鳜鱼的发现始于唐朝，是中国的原生鱼、四大淡水名鱼之一，广泛分布在各大淡水流域。

鳜鱼刺少而肉多，肉质细嫩， 味道鲜美。唐朝张志和《渔歌子》曰：“西塞山前白鹭飞，桃花流水鳜鱼肥。”

“大宝藏”

鱼中老虎——斑鳜（guì）

被称为老虎鱼就得有个“虎”样，斑鳜体长、侧扁，犬齿发达，鳍棘强硬，是一种凶猛的肉食性鱼类，喜欢栖息在岩缝或石隙中，主要摄食小鱼、小虾等。斑鳜肉质细嫩、味道鲜美、无肌间刺、营养价值高，是淡水鱼中的高档种类，经济价值也很高，是优良的养殖品种。

游动的宝石——锦鲤

锦鲤源于中国。锦鲤一词最早出现在唐代陆龟蒙的诗句中：“层云愁天低，久雨倚槛冷。丝禽藏荷香，锦鲤绕岛影。”锦鲤在我国文化中有着吉祥、富贵、好运等美好寓意。锦鲤品种繁多，主要有红白、三色等13种，有着“观赏鱼之王”的盛誉。

霸气外露——刀鱼

刀鱼自古就是文人饕客笔下的美味珍馐。北宋大文豪苏东坡诗云：“清明时节江鱼鲜，恣看收网出银刀。”明末清初文学家李渔盛赞刀鱼为“春馔妙物”。

刀鱼不仅肉质细嫩爽滑，肥美异香，腴而不腻，而且富含丰富的蛋白质、不饱和脂肪酸和维生素，所以吃刀鱼不仅能饱口福，还能养生。

鱼中“百家姓”——黄颡（sǎng）鱼

它在各地区的俗称千奇百怪：江浙人唤其昂刺鱼、喇鱼；四川人叫它黄辣丁；湖南人称它黄鸭叫；北方人管它叫嘎牙。此外，它还有昂公鱼、黄甲鱼、刺疙瘩等10多个名字。

黄颡鱼营养价值极高，肉性味甘平，能益脾胃，利尿消肿。

鼓楼

04 南京国防园

南京国防园以国防科普教育为主题，以军事拓展活动为特色，以防震减灾科普为亮点，融政治性、思想性、知识性、趣味性、娱乐性为一体，是国家AAA级景区、**国家国防教育主题公园**、国家防震减灾科普教育基地、江苏省和南京市的爱国主义教育基地、双拥示范基地、全民国防教育基地。

13 南京市生命急救体验馆

该馆集体验、学习、教育培训为一体，**通过虚拟现实（VR）**、宣传频播放、实物展示、互动参与和现场介绍等方式，向公众普及各类常见疾意外时的早期自救互救、创伤的基本急救技术、心肺复苏术及自动体外（AED）使用、寻求救护服务等内容。

01 江苏省科学技术馆

该馆是**省级综合类**科技馆，有“科技•智慧”“探索•发现”“数字•信息”“生态•家园”“生命•健康”五大主题展区，另设有科学剧场、4D动感影院、小玩家俱乐部、安全星训练营等，是国家级、省级科普教育基地，省级爱国主义教育基地。

科普小知识

了解更多知识关注“南京文旅”

钟

古人是如

每一座钟鼓楼，都是**时间的守望者**。

在古代，高大的钟鼓楼代表着城市的最高点。即使到了今天，处在城市中心的钟鼓楼，依然是全城最繁华的地方，它们承载着岁月的旧迹和新痕，在古朴中透露出盎然的生机。

掌管着时间和秩序

钟鼓楼独特的地位，最初来源于其特殊的职能。古人对于时间的流逝，大多以击鼓撞钟的更次为准：每夜分为五更，每更为一个时辰，从黄昏太阳落山戌时（19:00–21:00）开始定更，即一更，随后每两小时一更，至凌晨天快亮时（3:00–5:00）为五更，又称为亮更。

作为报时工具，钟鼓楼大多修筑在城市的正中心，使钟声和鼓声能够均匀地传播四方，辐射全城。

在都城，无论是汉唐的长安城、六朝古都南京城，还是元明清的北京城，钟鼓楼都是标配。我们今天所能见到的钟鼓楼，**在全国范围内尚有30余座**。

守护古城的防线

在边关，钟鼓楼除了报时之外，还承担着**示警和巡防的重任**。有记载，北魏建鼓楼，以击鼓为信号，指挥擒贼捉盗。

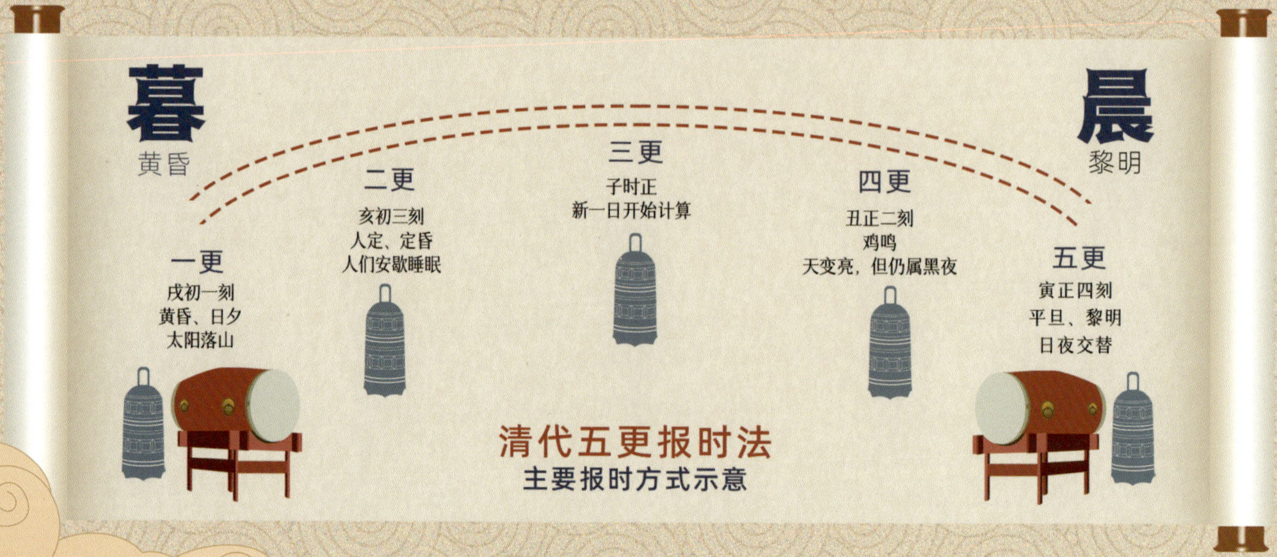

鼓楼

何报时的？

南京鼓楼：明鼓清碑，历尽沧桑

南京鼓楼，静立在城市中央的鼓楼岗上，以城楼、红墙、飞檐、格栅窗默默见证了南京640个春秋冬夏，记录着金陵城的历史变迁。

洪武十五年（1382），明太祖朱元璋为了统一时间，按照“左列鼓架，右建钟楼”的布局，下令修建了钟鼓楼。

传说南京有13座内城门，每当黎明和黄昏，随着鼓声敲响，就有13匹快马分别向13个城门飞奔，以此控制城门的启闭。

即便后来明成祖迁都北京，南京的钟鼓楼依然承担着迎王、选妃和接诏的重任。

可惜，作为明朝南京标志性建筑的钟鼓楼，到了清朝却只遗留下城阙，直到康熙南巡在此登临四望，地方官才在鼓楼基座上树碑建楼，并更名为“碑楼”，故有“明鼓清碑”之称。

时光流淌，到了民国十二年(1923年)鼓楼被辟为城市公园，成为人们登高远眺、领略古城风貌的胜地。如今，南京鼓楼已是全国重点文物保护单位。

民国时期南京鼓楼手绘示意图

南京钟楼(大钟亭)
中国现存著名的巨钟之一

和鼓楼一起跌宕在历史风雨中的还有钟楼。

钟楼，明代时位于鼓楼西侧，与鼓楼相对，呈晨钟暮鼓之景。

钟楼与鼓楼同年开始建设，楼内原有报时和仪仗用的大鼓两面，小鼓二十四面，云板一面，点钟一面，牙杖四根，壶房铜缸一座，以及其他乐器。

可惜钟楼在清朝灭亡后就化作了历史的尘埃，只剩下一口孤零零的大钟。

高3.65米
口径2.3米
底边厚0.17米
重约23吨

明朝时期南京铜钟手绘示意图

栖霞

01 南京农业大学八卦洲百合基地

它分为百合种质资源保存与研发基地、百合产业中试孵
占地约120亩，是华东地区最大的百合科研基地，也
卉推广示范基地。现收集和保存观赏百合、食用百合、野
百合等2000余种。

两部分，
省省级花
和功能性

04 南京金都金箔技艺博物馆

该馆是世界首家综合性金箔博物馆，围绕国家级非遗——南京金箔锻制技艺、江苏省省级非遗——南京传统真金线制作技艺等传统技艺进行展示。馆内设有金箔技艺厅、打箔机展示厅、乌金纸技艺厅、传统真金线技艺厅及金箔艺术品展示厅，以传统技艺的制作过程为主线呈现了讲述金箔、金线及乌金纸的历史，馆藏品有300余件。这里荟集了当代世界各地各种类型的打箔机，展示了世界金箔业的历史与现状。

07 南京中医药大学中药标本馆

该馆面积约11000平方米，现有中国医史馆、江苏中医馆、中药馆、养生馆四个常设展厅，通过各类中医药器具、医籍和中药材标本的展示，呈现我国中医药悠久的历史，彰显江苏中医药特色成就。

国家级基地
省级基地
市级基地

科普小知识

了解更多知识关注“南京大学左涤江天文台”

我们向往

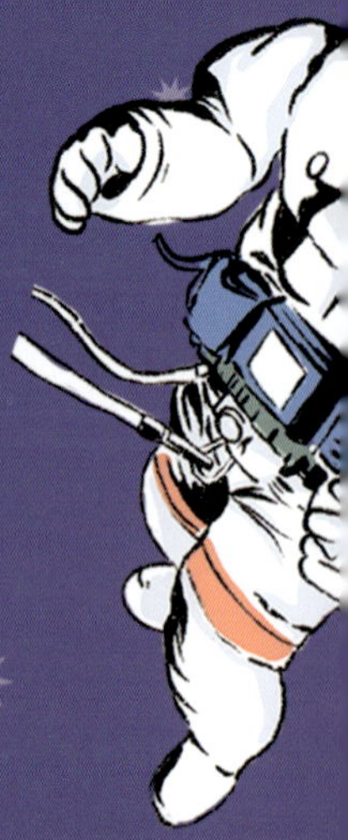

银河系有多大？

银河系像一个盘状的旋涡。人们普遍认为银河系的半径约为10万光年，长宽约为16万~18万光年；银河系中心厚度大概为12000光年；恒星数目约有1000 亿颗。

我们用肉眼能看到多少颗星星？

抬头遥望，肉眼能看到的星星的数目是有限的，全天球总共可见6000多颗星星。在一个晴朗无月、没有灯光污染的夜晚，肉眼一般可以看到3000多颗星星。

为什么星星有不同颜色？

不同的颜色代表着星体不同的表面温度：发蓝的星星表面温度高，发红的星星表面温度低。

为什么太阳会变色？

太阳光在可见光波段不是单色光，而是连续谱；人眼感觉是由“红橙黄绿蓝靛紫”多色光混合而成的。

清晨和傍晚，太阳光斜着照向地表，这时只有红色光和少数橙色光能成功穿过大气层，其他色光则被散射掉了。

中午，太阳需要穿过的大气层厚度降低，所有色光都能穿过大气层。

宇宙星辰

当我们仰望夜空，会看到许多星星，
它们仿佛在诉说宇宙的秘密。

光年是时间单位还是长度单位？

光年是一种长度单位，用于衡量宇宙中天体之间的距离。一光年是光在真空中沿直线走过一年时间的距离，大约是9.46万亿公里。目前人造最远探测器是于1977年发射的旅行者一号，距离地球约230多亿公里，也只有一光年的0.24%。

人为什么感觉不到地球在转动？

因为地球转动的速度很均匀，并且我们及周围的所有事物都在随着地球一起转动，所以人感觉不到地球在转动。

在月球上行走是种什么体验？

因为月球上的引力很小，人在月球上会感觉轻飘飘的，走起路来没法稳住自己，看起来就好像在跳来跳去一样，一分钟只能走20步。

“度日如年”的星球——金星

金星的公转周期是224.7个太阳日，而自转周期是243个恒星日，金星的恒星日比金星的一年还要长，但是金星的太阳日比恒星日短，金星表面的观测者大约4个月才会看到太阳出没一次。

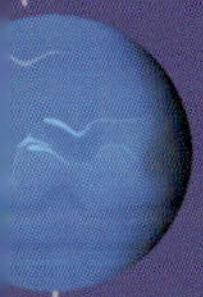

海王星

能漂浮在水面的行星——土星

土星的平均密度只有0.70克/立方厘米，比水的密度要小，放在水里确实能够浮起来，不过，前提是要有比土星还大的水面。

已知的宇宙中最大的行星——HD100546b

HD100546b距离地球大概320光年，直径大概是太阳的69%，体积大概是地球的46万倍、木星的330倍。

流星雨是怎么回事？

在行星际有众多独立绕太阳公转的小物体，称为流星体。流星体绕太阳运行中，经过地球附近时受到地球的强引力作用而高速闯入地球大气，因与大气作用而烧蚀，呈现出一道光迹划过天空，即肉眼可见的“流星”。大量的流星像火焰般从星空某点迸发出来，这种壮丽的天象称为“流星雨”。

雨花台

01 南京科技馆

该馆是江苏省规模最大的现代化、多功
普活动场馆，是国家AAAA级旅游景区
国科普教育基地、全国青少年素质教育基
场馆由主体馆、科技影城和园区三部
成，总占地面积15万平方米，是南京市
为提高全民综合素质、推进科技事业的
而投资兴建的重大公益性社会文化项目。

04 梅钢

该旅游区是国
区依托红色
厂，以"钢铁
科普研学、文

09 南京软件谷-Qualcomm中国联合创新中心

该中心配备了先进的测试仪器，以物联网和5G方向为主，为符合条件的“双创”企业提供技术评估、初期研发指导及系统兼容性测试等服务，使企业可以了解全球前沿的无线科技，在研发及自主创新方面拓宽思路，从而加快自身在智能终端及物联网各相关行业应用领域的发展。

文化旅游区

A级旅游景区，也是江苏省工业旅游区。该
工业文化、钢铁冶炼、智慧制造与花园工
炼成的”为主题，打造形成集红色教育、
险、亲子娱乐于一体的工业文化旅游区。

国家级基地

省级基地

市级基地

指纹：暗藏玄

指纹是怎么来的？

胎儿发育到10周时，指尖等部位会暂时形成大的球状鼓包——就像猫爪的肉垫一样。当鼓包收缩塌陷时，表皮和真皮交界处开始出现皱褶，这就是刚萌芽的“指纹模子”。指纹模子所生成的细胞使劲向表层挤压，在胎儿发育到4个月时就会在指尖表皮上形成指纹，基本不变，直至死亡。

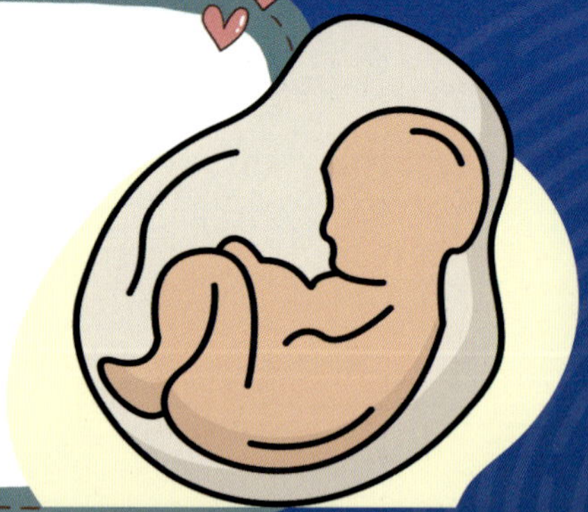

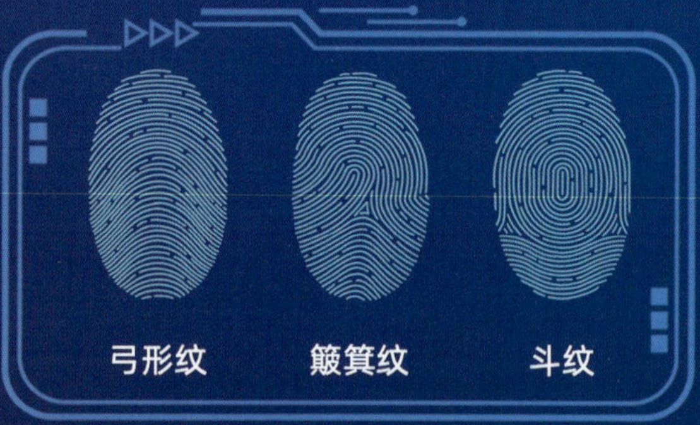

指纹有哪些形状？

大宋提刑官宋慈曾著书《洗冤录》，其中描述：“指纹可划分为三种六类，三种为弓、箕、斗型；六类为弓、左箕、右箕、斗、曲、杂形。”这种分类方法一直沿用至今。

指纹不同的形状，是由皮下组织对指肚表皮顶压方向的不同造成的。

指纹有何作用？

1.就好像汽车轮胎的花纹一样，可以增加摩擦力，同时，也限制摩擦力过度增加，避免在过度用力时产生皮肤损伤。

2.有利于人类提高触觉的灵敏度。指纹下面约2毫米处，遍布感受细胞。指纹的起伏，有利于提升感受细胞的灵敏度。

3.指纹的起伏线路上布满汗腺毛孔，这些汗腺毛孔按时按量分泌微量液体（汗水），控制着指纹表面的湿润度，在提升摩擦力和降低摩擦力之间，做着奇妙的均衡，如同发动机的机油一般。

的人体密码

目前发现的人类最早的指纹

1978年，在仰韶文化西安半坡遗址出土的陶器上，发现了一枚局部较为明显的指纹印痕，距今7000~6500年。这个很可能就是目前发现的人类最早的指纹痕迹了。

手印何时开始用于侦破案件？

1975年12月，湖北省云梦县睡虎地秦墓中出土了秦简。其《封诊式•穴盗》，就有以手印用于破案的记录。2200多年前，中国人已开始运用手印查奸缉贼、揭露犯罪。清末时的警察学堂，已开始有指纹教习。

指纹如何成为万国技术？

18世纪以来，欧洲工业革命推动了科技发展，西方科学技术与中国指纹术相结合，诞生了许多现代指纹技术的第一。

1685年 荷兰科学家，第一次提出进行指纹研究；

1877年 法国医生，第一次发明潜在指纹显现方法；

1886年 英国医师，第一次建议警察局使用指纹鉴别人犯；

1900年 阿根廷警察，第一次建立指纹局为警察服务；

1911年 美国法庭，第一次用指纹鉴定证据判决谋杀犯。

从此，指纹鉴识技术被普遍运用于侦查破案的战场，成为世界各国警察揭露犯罪分子的重要工具。

06 南京直立人化石遗址博物馆

该馆设有"地层天书—南京6亿年生物演化"
密码—南京直立人身世之谜""文明之基—汤
护、文化旅游、科普教育为一体，以中更新世
南京的生存环境，获评中国地质学会地学科

08 紫清湖旅游区野生动物世界

目前园区已引进近百种动物，数量达几千头(只)，有大熊猫、金丝猴、东北虎、金毛羚牛等多种国宝级动物。园区设置了步行区和车行区，50%以上为互动项目，游客可以与动物零距离亲密接触。

福地—汤山百万年环境变迁”“人类
艮与文明演进”四个展厅，集遗址保
直立人为核心，还原了人类先祖在
基地等荣誉。

01 现代航海科普教育基地

02 河海大学开放型实验基地

05 现代道路交通工程科普馆

12 南京市卓越青少年科技创新能力发展中心科普基地

14 东南大学物理学院

15 南京航空航天大学物理学院

16 东南大学智慧土木与抗震防灾科普基地

17 舰船科普教育基地

19 中电环保股份有限公司科普教育基地

20 南京中药现代化科普基地

21 南京市江宁特殊教育学校

26 江苏省建筑产业现代化创新展示馆

30 青少年机器人科普教育示范基地

32 诚明书院科普教育示范基地

34 极客晨星少儿编程科普教育示范基地

39 全控VR虚拟现实科普教育示范基地

40 多伦智慧交通科普教育基地

41 万德斯环保科普教育示范基地

45 南京市江宁科学园小学

南京直立人：世界级地质遗迹

1993年，在南京汤山葫芦洞中出土了两枚震惊中外的南京直立人头骨化石，分别被命名为“1号”“2号”头骨化石。该发现对于研究中国古人类分布演化、中更新世人类生存环境，具有极高的历史价值和科学价值，被誉为“世界级地质遗迹”。

南京猿人1号头骨属于一位女性

南京猿人1号头骨长16厘米、宽13厘米，脑容量860毫升(男性猿人脑容量在1000毫升左右，现代人为1400~1700毫升)，颅骨表面纤细、光滑，故应为女性。根据她的上颌骨第二前臼齿的齿槽看，该牙齿根高仅为13.5毫米，齿根近中远中径5.2毫米，这与北京猿人女性的齿根相应值13.6~16.2毫米和5.3~5.8毫米很接近。根据她牙齿(臼齿)及骨片缝合状况，推测其年龄为21~30岁。

南京猿人2号头骨属于一位男性

南京猿人2号头骨颅骨粗壮，骨壁厚重，颅腔宽阔，表明他应为男性。根据颅骨外矢状缝和冠状缝愈合程度推测他的年龄在24岁到41岁之间。若考虑到头骨小者愈合较早，推测他的年龄应在30岁到40岁之间。南京猿人2号头骨具有一些智人特征，属于比较进步的猿人或处于猿人到智人的过渡阶段。

PS：两个直立人是一起生活的同伴吗？

这两个直立人可绝不是一起生活的同伴，因为2号直立人要“年轻”得多。两枚不同时期的头骨在同一地点被发现，实属全球罕见。

科普小知识

了解更多知识关注"南京直立人化石遗址博物馆"

南京直立人是我们的祖先吗？

达尔文认为:人是由猿猴一步步进化来的。许多古生物学家经过研究，把人类的进化归纳为四个不同的阶段。

1 南方古猿，也称早期猿人，包括很多种类，有距今700万年~600万年的乍得撒海尔人和土根原初人，也有距今190万年~150万年的扁脸肯尼亚人等粗壮种。南方古猿身高1.0~1.2米，体重约40千克，已直立行走但不会制造石器。

2 直立人，也称晚期猿人，距今250万年~20万年，生活于欧洲、亚洲、非洲，其头骨的额骨高度稍增大，骨壁10毫米，脑容量增至800~1200毫升，对石器的使用已进步到砍砸器、刮削器、尖状器，甚至有石斧。

3 早期智人，生活年代为距今25万年~4万年，其头骨已增大，脑容量已增至1300毫升以上。已可用石片制作各种工具，甚至制作石雕。智人开始使用煤，也有了简单的屋子和饰品。

4 现代人，从1.1万年前生存至今，面部已没有非常突出的眉弓，并且拥有了众多现代化工具。

知识多一点

南京猿人发现的意义

1.丰富了我国猿人化石的宝库。

2.改变了我国江南无猿人化石的历史。

3.填补了江苏地区第四系洞穴地层的空白。

4.为人类发源地的探索提供了依据。

5.把江苏地区古人类历史前移了50多万年。

6.提升了南京地区文化品位：世界各地发现的猿人化石地点，大部分位于偏远的山区，而南京猿人位于南京东郊风景区且交通便捷。

地球上的水，97.5%为咸水，淡水仅占2.5%。除了冰川和冰盖，目前人类容易利用的淡水资源主要是河流、湖泊及地下水。而这些赖以生存的淡水中，有98.5%是地下水。

我们能看见山川，也能看见河流，但还有很多水源隐藏在地下，并不为人所知。

什么是地下水?

“地下水在哪里?”

“在地下啊。”

“那地下的水都能被我们利用吗?”

“这可不一定。”

比如吸附在土壤颗粒表面与土壤混合的水，可以被植物根系吸收，却很难被人们直接利用。对我们而言，具有一定利用价值的地下水隐藏在地表以下较深的地方，储存于岩土孔隙、裂隙中，在重力作用下可以自由流动。

我们来想象一个巨无霸汉堡式的地下水结构。

如果打一口浅井到达潜水层，那么这口井就叫潜水井。我们时常听到的“吃水不忘挖井人”说的就是这类井。

如果往承压水里打一口井，水会突然释放压力，这种井就叫承压井或自流井。

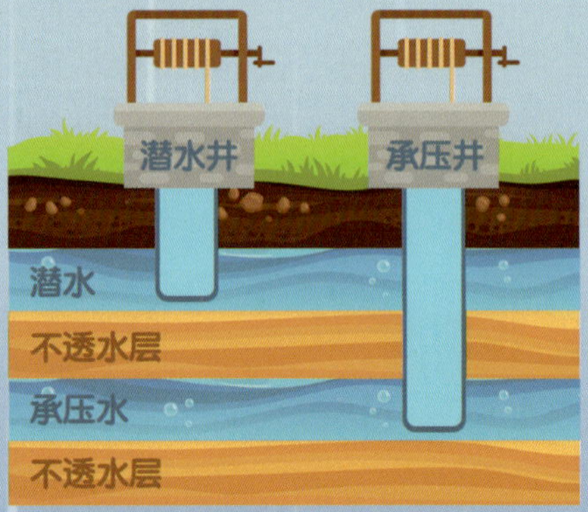

地下水的来源

地下水的来源主要是大气降水入渗，江河、湖泊、水库等地表水体也可以通过渗漏补给地下水。在降水量少的干旱区盆地，地下水主要来自盆地周边出山河道的渗漏补给。另外，像修建水库、农业灌溉等人类活动也会补给地下水。

地下水

地下水的作用

看不见的地下水是重要的供水来源。在中国，可开采地下水资源占水资源总量的1/3，70%的城乡居民生活用水来自地下水，95%以上的农村人口饮用地下水，全国40%的耕地使用地下水灌溉。地下水是极其重要的自然资源，也是生态系统的重要支撑。

地下水的危机

就像抽积木游戏一样，如果抽取的地下水超过大自然所补充的水量，那原本地下水分所占的空间被掏空后地表会失去支撑，带来一系列地质灾害，如地面塌陷、地面沉降等。

长期以来，我们以为地下水不易被污染。然而，随着经济社会的快速发展，污水、农药、化肥等污染物的入渗，会导致地下水环境的恶化，被污染的地下水经过几年甚至几十年都无法完全恢复。

变不可见为可见

地下水资源是“聚宝盆”，但并非取之不尽、用之不竭。地下水就像存款一样，遇到干旱年可以多用一点，丰水年则应该尽量少用，保证水量总体上的平衡。保护地下水资源刻不容缓，只有消耗与涵养相结合，合理开采和有效保护地下水，才能使地下水良性循环，永续利用。

科普小知识

了解更多知识关注“江宁食用菌与深加工科普教育基地”

神奇蘑菇知多少

自然界中蘑菇的种类约有4万种。各种各样色彩鲜艳、造型奇特的蘑菇，静静地生长在森林之中，宛如大自然鬼斧神工的艺术品。让我们一起来欣赏奇异的蘑菇世界吧！

珊瑚菌：森林中的珊瑚

又名扫帚菌、帚菌、刷把蕈、笤帚、红扫把。珊瑚菌科是中国野生食用菌资源中不可忽视的组成部分，其品种繁多，颜色艳丽，有红、黄、白等色。珊瑚菌被称为野生之花，鲜甜爽口，含有15种氨基酸，其中有6种是人体所需的氨基酸。珊瑚菌分布在我国东北、华北地区，浙南丽水山区及云贵高原。

蜂头线虫草：吃昆虫的蘑菇

它以胡蜂或马蜂等大型蜂类为宿主，能顶破宿主的身体，长出黄色的子实体。还有一种叫作“冬虫夏草”的真菌，人们以前认为它在冬季是虫子，夏季变成植物。实际上它与蜂头线虫草一样，是由于真菌寄生在昆虫体内，而后子实体顶破虫体生长出来的缘故。

拟橙盖鹅膏：从“蛋壳”里长出的蘑菇

俗称黄罗伞、鸡蛋黄蘑。起初，它的子实体外面被一层白色的“菌托”包裹着，像一个鸡蛋静立在地上。接下来，“蛋”会被撑破，从里面长出红色的蘑菇。刚刚显露出来的菌盖呈吊钟状，逐渐生长展开变成伞状。菌盖直径为5～18厘米，菌柄的长度可达10～17厘米。鹅膏菌属中很多都是有剧毒的，但拟橙盖鹅膏及与其相似的橙盖鹅膏都无毒。

它广泛生长于中国、日本，以及西亚、北美等地。

新粗毛革耳：粉色的"羽毛"

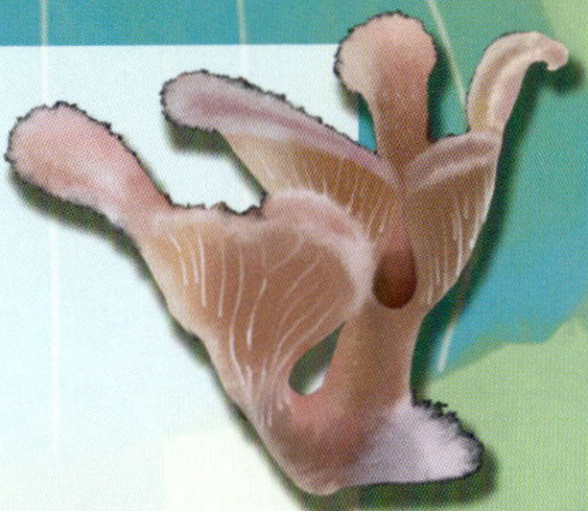

新粗毛革耳子实体发育初期布满了细小的茸毛。其分布于美洲、澳大利亚及欧洲等地。

变绿粉褶蕈：天蓝色的"小精灵"

它不仅菌盖是蓝色的，就连菌柄部分都像被画笔涂抹成了蓝色。由于它含有薁（化学式为$C_{10}H_8$的芳香族有机物，别称甘菊蓝）的成分，所以呈现出明艳的蓝色。它的菌盖直径可达4厘米左右。

荧光小菇：黑暗中的荧光

在所有能发光的蘑菇中，它的亮度非常高。即使是白天，在光线稍暗的树荫下都能看到它正在发光。菌盖直径为1～3厘米。荧光小菇的发光是由发光物质（荧光素）与起催化作用的蛋白质（荧光素酶）两者相互作用导致的。

荧光小菇主要生长在东南亚的热带区域及大洋洲等地。

派克亚齿菌："流血"的蘑菇

又称奶油草莓菌、血齿菌和魔鬼齿菌。在其渗出红色液体的菌盖下面，遍布着牙齿般的凸起，这里便是生长孢子的地方。这种造型只有在其子实体发育的初期才可以看到，长大之后其菌盖变平，颜色也变成褐色，成为我们所熟悉的蘑菇样子。它的菌盖大小为3～8厘米，无毒，但不宜食用。

派克亚齿菌一般生长于欧洲、北美，以及伊朗、韩国等地。

浦口

04 自行车体育文化科普教育基地

这里以自行车文化为中心，结合蝴蝶文化、地质文化、动植物文化及赛事运动文化，逐渐发展成为自行车文化科普教育与研学旅行基地。基地充分发挥南京青奥会这一国际赛事的窗口效应，通过室内文化展陈与室外活动体验，淋漓尽致地展示自行车运动主题文化。

09 草圣书乡科普教育示范基地

该基地总占地面积约960亩，围绕“当代草圣”林散之这一核心人文要素，充分利用当地特色资源，打造以书法文化为核心，以文化旅游、亲子研学为主要方向的科普文化交流基地。

03 南京集成电路创新馆

该馆将传统手段与科技手段相结合，通过投影墙、触控屏、机械臂、AR等多种技术方式，形象、直观地展示集成电路发展历程和IC技术打造出的电子产品，参观者可以动手参与从而学习集成电路相关科学知识。目前，该馆已建设成为集成电路产业科普展示的新窗口。

01 南京老山国家科普教育基地

这里高峰奇险俊美，茂林修竹滴翠，曲径通幽访古，自然景观与人文景观相得益彰，是一个集休闲度假、生态观光、运动健身、科普研学为一体的多功能景区。

科普小知识

了解更多知识关注“老山中蜂生态园”

小·蜜蜂

蜂王

蜂群的繁殖者

数量：一个蜂群一般只有一只蜂王。
作用：产卵并能分泌蜂王信息素来维持蜂群秩序。一只蜂王最高峰时每天可以产下超过2500枚卵。
寿命：3~5年

工蜂

蜂群的劳动者

数量：一个蜂群有数万至十数万只工蜂。
作用：负责采集食物、哺育幼虫、守卫蜂巢等。
寿命：冬天6个月；夏天4~6个星期。

雄蜂

蜂群的交配者

数量：一个蜂群有数百至上千只雄蜂。
作用：与新出房的蜂王交尾，且交尾后很快便会死去。雄蜂不参与蜂巢内的工作。
寿命：40~90天

蜜蜂有多少只眼睛

蜜蜂有一对复眼，另外还有三只
一个小眼都有一套集光系统和感光系

酿蜂蜜超级辛苦

每酿造出450克蜂蜜需要寻遍200
匙的蜂蜜。

最高时速达40公里

一只壮年工蜂飞行的最高时速可
也有20多公里。蜜蜂只要摄入2毫克的

“有洁癖”

为了不给蜂巢带来卫生问题，蜜
便溺。冬季时，蜜蜂会选择相对暖和
泄，直到开春再飞出蜂箱处理自己的

“天才数学家和设计师”

工蜂建造的蜂巢是由正六棱柱组
这些正六边形中所有钝角均相等。

每天上午，蜜蜂中的“侦察员”
并用其特有的“舞蹈语言”报告花蜜
花蜜后，会沿最短的路线返回蜂巢。

的秘密

一只复眼约由数千个小眼组成，每
艮愈大，小眼数愈多，视觉愈发达。

，一只蜜蜂一生中只能生产1/12茶

里，在采集后负重的情况下飞行时速
忧可以维持飞行4公里。

本不在蜂巢内便溺，而是在飞行途中
出来便溺，有的甚至可以半年不排
勿”。

面是正六边形，由三个菱形组成。

蜂巢为中心的三公里内侦察蜜源，
距离和数量。工蜂在采集到大量

震动翅膀可以加热

冬天，蜜蜂会抱成一团，不停地震动翅膀，以保证蜂巢核心温度达到30℃以上，否则它们就会被冻死。在北方，这个过程可能要持续4—5个月。

舞蹈传信

蜜蜂利用不同形式、不同摆动频率的肢体动作来传递信息。最典型的蜂舞为圆舞、摆尾舞及由圆舞向摆尾舞过渡的新月舞，此外还有报警舞、清洁舞、呼呼舞等。

工蜂跳圆舞表示其在离巢100米之内发现蜜源，告诉同伴出巢采集。

工蜂跳摆尾舞表示其在离巢100米之外发现蜜源。

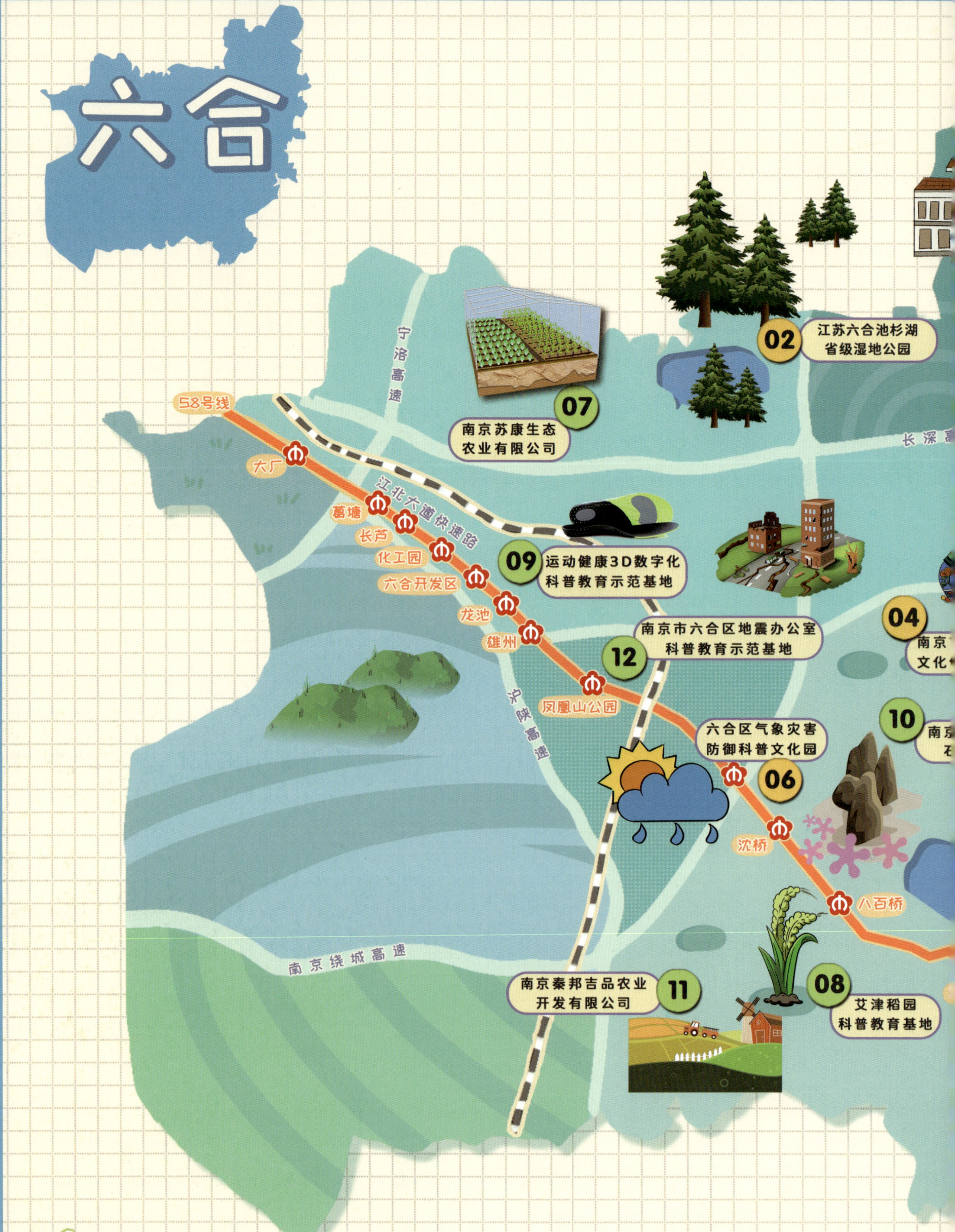
六合
宁洛高速
58号线
大厂
江北大道快速路
葛塘
长芦
化工园
六合开发区
龙池
雄州
凤凰山公园
陕高速
沈桥
八百桥
南京绕城高速
长深高
02
江苏六合池杉湖
省级湿地公园
07
南京苏康生态
农业有限公司
09
运动健康3D数字化
科普教育示范基地
12
南京市六合区地震办公室
科普教育示范基地
04
南京
文化
10
南京
06
六合区气象灾害
防御科普文化园
11
南京秦邦吉品农业
开发有限公司
08
艾津稻园
科普教育基地

01 江苏省农业科学院六合动物科学基地

该基地是全国一流的综合性农业科研与产业平台，是**全国首批“国家农业科技创新与集成示范基地”**，10多个专业所的研发平台先后入驻这里开展科学实验与展示示范工作。

03 南京冶山国家矿山公园

南京冶山国家矿山公园被地质学家誉为**“中国冶炼史上的一个里程碑”**。这里是中华冶炼的肇始地，也是中国矿山开采史的一个缩影。其地下开采直观、形象地展现了我国从西周至现代采矿技术的发展史。

05 南京金牛湖野生动物王国科普教育示范基地

它将原有地形地貌与废弃采矿宕口建设相结合，**打造野生动物“天然”笼舍**，是国内首个集山地、宕口、矿坑为一体的野生动物园，也是长三角地区颇具特色的野生动物王国。目前，这里共有包括金腹白眉猴、白喉卷尾猴、黑熊、狮子等在内的300余种、1万余只（头）动物。

国家级基地

省级基地

市级基地

科普小知识

了解更多知识

关注“六合池杉湖省级湿地公园”

那些“不走

池杉 可以完全泡在水里的树

别名：沼落羽松　　身高：最高可达50米

习性：耐寒，耐旱，耐瘠薄，耐水湿，抗风。

不怕水泡的秘密：池杉有向上生长的呼吸根。其内部有许多发达的气道，可以上下传输空气，保证植物养分的供给。

补充资料：木材重，纹理直，硬度适中，耐腐性强，干缩性小，是造船、建筑的好材料。原产于美国，现在中国多个城市栽培。

狸藻 不好意思，我吃“肉”

性别：两性花　　身高：15~80厘米　　三围：0.5~2毫米

繁殖情况：可以断枝，也可以自己给自己传粉授精结种子。

个体特长：我有1200个饭袋（捕虫囊），这就是我的特长！

生存技能：一旦有水生小昆虫游过触动了囊口的纤毛，捕虫囊就会像吸尘器一样把小昆虫吸进捕虫囊内进行消化，完成一次捕食最快只需0.01秒。

菹（zū）草 我和“初恋”之间隔着一个夏天

身高：100厘米（还可以更高）　　体重：高20厘米时鲜重2克

繁殖情况：无性繁殖。

个体特长：在夏天长日照和高温的作用下，头上会生出一根长有密集而短硬叶子的短茎，也就是它的无性繁殖芽（石芽）。随着芽中淀粉增多，比重增大，石芽脱离母体后沉入水底。秋冬季节，短日照加上天气转凉，石芽中的淀粉又转变为可溶性糖，石芽的比重减轻，它又重新浮上水面，开始生长。

常路”的水生植物

金鱼藻

虽然没有根，但我有一颗坚定的心

身高：1.5~1.6米 **外号：灯笼丝**

个体特长：可以做景观植物造景，亦可喂鱼喂猪。全身是宝，皆可药用。虽然没有根，但一直生活在水中。

王莲

水中的一叶扁舟

身高：1米以下 **三围：叶片直径最大可达3米**

繁殖情况：在繁殖的时候，为吸引媒人（传粉昆虫），花可以三天三个颜色，被称为“善变的女神”。花内部还自带“加热毯”，温度超适宜，可吸引传粉昆虫。

个体特长：擅长举重，负重能力超强！

菱

自带“救生圈”的我是一个“数学天才”

身高：不超过1.5米 **三围：“隔户杨柳弱袅袅，恰似十五女儿腰”，就是脸盘子有点大**

个体特长：叶柄上有救生圈，茎和根也可以进行光合作用，生存力满格，还擅长“数学和几何学”。叶片呈螺旋状排列，可以互不遮挡地铺满水面，进行最有效的光合作用。此外，浮水叶叶柄中间膨大成了气囊，就像救生圈一样，可以为它提供浮力，让叶片始终漂浮在水面上。

荇（xìng）菜

《诗经》中的网红

身高：40~50 厘米 **体重：娇小型，比一块钱的硬币轻多了**

繁殖情况：虽说是爱情的见证者，但我们家族中“单亲家庭”也不少。

个体特长：果实成熟后自行开裂，种子就借助水流漂向远方，四“海”为家。可通过横走茎进行无性繁殖，生长季节收获三四次仍能再生。

溧水

08 龙吟湾生态园

该园主营亲子农耕文化旅游，以茶文化、栗学堂为特色，会根据农时节气推出应季活动，让孩子在劳动中学习体验，更好地领会书本知识。

02 南京玫瑰园

它是集玫瑰花种植、玫瑰系列产品研发、旅游观光、休闲度假、科普教育、农事体验于一体的综合性休闲度假园区。园区拥有玫瑰花田、玫瑰花谷和玫瑰树林近千亩，以休闲体验为特色，集养生、科普功能于一体，长期开展精彩纷呈的玫瑰主题活动，引导游客体验玫瑰文化。

01 南京溧水大金山庄国防园

它是全国首家区级民营国防园，占地1200亩，建有“五馆一路一墙两园”，打造了百草园、荷花谷等科普项目。园区科普课程设置着重突出综合性、多样化、体验式等设计结构理念，开设五大板块共100多个科普教育课程。

梅花作为我国十大名花之首，已有3000多年的栽培历史。

它既能“组团”又可“单独出道”，“四君子”里有它，“岁寒三友”里也有它；“清客”是它，“雪美人”还是它。

在严寒中，梅开百花之先，独天下而春。数九寒天里，它傲然独立、剪雪裁冰的高洁模样，引得无数文人墨客为之倾倒。

老家在南方

梅花的老家是云南和四川，露地栽培主要分布在长江、珠江及淮河流域，大致以黄河为界，在黄河流域以北地区多不能露地越冬。

梅花的观赏价值很高。自明代开始就有人尝试将梅花从南方引种至北方，直至20世纪60年代，成功培育出了抗寒品种，实现了南梅北移，营造了“北国江南”的赏梅景象。

梅果曾是调味料

考古成果证明，早在距今7000多年的裴李岗文化时期，河南新郑一带就有野生梅树存在。在裴李岗遗址中，还发现了炭化梅核。看来，石器时代的人们，已经尝到了梅子的酸甜滋味。

把梅果当调味料，在殷商时期已经十分普遍。《尚书·说命》中记载，商王武丁曾表达自己对大臣傅说的器重，说：“若作和羹，尔惟盐梅。”这一烹调习惯在今天的云南大理、丽江等地还有所保留。

梅花妆

梅花妆，是指女子在额头贴上梅花形的妆饰。据《金陵志》记载，这种化妆手法源自南朝宋武帝的女儿寿阳公主：一天，寿阳公主在含章殿下躺着休息。一阵风吹过，一朵梅花正好落到她的额头上。“拂之不去，号梅花妆，宫人皆效之。”

没有梅花的时候，人们就把薄金箔剪成花瓣的形状贴到额上或面颊上。到了唐朝，这种妆容发展为在额上画一个圆点，或多瓣梅花。

南京市市花

1982年4月19日，南京市第八届人大常委会第八次会议讨论决定，命名梅花为南京市市花。

梅花香自苦寒来

了解更多知识，关注『三叶·梦华苑』

科普小知识

古今文人所钟爱

中国历代咏梅诗词不下万首，宋代咏梅诗词是咏梅文学的创作顶峰，体现了梅花审美文化的多样性。

《全宋诗》的27万首诗中，有4700多首与梅花相关；《全宋词》的2万首词里，咏梅词有1120多首。宋代词人黄大舆还把咏梅的作品编成了一部专集，名为《梅苑》，该专集共10卷，收录了唐五代至南北宋之交的咏梅词410余首，是现存最早的专题咏梅词选，也是现有保存较完整的宋人选宋词的最早选本。

宝剑锋从磨砺出，梅花香自苦寒来。

——古代（诗人佚名）《警世贤文·勤奋篇》

江南无所有，聊赠一枝春。

——南北朝·陆凯《赠范晔》

来日绮窗前，寒梅著花未。

——唐·王维《杂诗三首·其二》

不经一番寒彻骨，怎得梅花扑鼻香。

——唐·黄檗禅师《上堂开示颂》

墙角数枝梅，凌寒独自开。

——宋·王安石《梅花》

相思凭过雁，飞送一枝梅。

—— 宋·洪适《临江仙·盘洲饯汉章》

疏影横斜水清浅，暗香浮动月黄昏。

—— 宋·林逋《山园小梅·其一》

梅须逊雪三分白，雪却输梅一段香。

—— 宋·卢梅坡《雪梅·其一》

零落成泥碾作尘，只有香如故。

—— 宋·陆游《卜算子·咏梅》

不要人夸好颜色，只留清气满乾坤。

—— 元·王冕《墨梅》

冰雪林中著此身，不同桃李混芳尘。

——元·王冕《白梅》

微雪初消月半池，篱边遥见两三枝。清香传得天心在，未话寻常草木知。

——明·方孝孺《画梅》

万树寒无色，南枝独有花。香闻流水处，影落野人家。

——明·道源《早梅》

耐得人间雪与霜，百花头上尔先香.。

——清·俞樾《和内子梅花诗》

俏也不争春，只把春来报。

——近现代·毛泽东《卜算子·咏梅》

高淳

04 新四军一支队司令部旧址

这里是新四军一支队开辟茅山根据地**挺进苏南的第一站**。原为吴氏宗祠，始建于清乾隆年间，共有三进，每进之间设天井，建筑面积共有800多平方米。现为江苏省文物保护单位、江苏省爱国主义教育基地、南京市党史教育基地。

02 高淳陶瓷科普教育基地

该馆设有中国历史名窑作品展、中国当代国家用瓷展、中国陶瓷艺术大师作品展及高淳陶瓷品牌瓷器展，展陈面积10000平方米，展现了久远璀璨的中国陶瓷文化和**当代中国日用陶瓷的最高成就**。在这里你还可以变身“陶瓷匠人”，体验拉胚、盘泥、修坯等古法制陶工艺。

07 高淳固城湖水慢城

这里以**水上天堂**、度假胜地、**国际赛场**、宜居家园、休闲乐园、生态基础为特色，是集观光、休闲、度假、体验、娱乐、运动、康体、美食等多种功能于一体的休闲景区，建有百荷园、金沙滩、滨湖花海、湿地动物园等观光型景点。

奇奇怪

螃蟹，种类之多令人惊叹！全球共有5800多种螃蟹，中国有800余种。它们有的是伪装大师，有的是冷酷杀手，有的是小机灵鬼……

甘氏巨螯蟹：地球上最大的螃蟹

甘氏巨螯蟹生活在日本和中国台湾沿海500~1000米深的海底，长着像巨型蜘蛛一样的长腿，舒展开四肢，可形成一个直径3米多的网状包围圈，因此它们也被称为“巨型蜘蛛蟹”。庞大的身躯并没有成为甘氏巨螯蟹行动的负担，反而显得动作十分机敏灵活。但身形和速度都不是甘氏巨螯蟹最大的亮点，最让人吃惊的地方在于其“食谱”极其不一般。它们的食物不仅包括螃蟹、各种鱼类，而且包括鲨鱼。可以说，它们是极其凶猛霸道的生物。

绵蟹：花帽设计师

花哨的帽子可不只是英国女王的专享！看图中这只绵蟹戴着的这顶华丽的帽子，剪裁正合适。绵蟹能用钳子裁切海鞘或者海绵，制成“帽子”，来覆盖其背壳。绵蟹最后一对足专门负责固定背壳。有了这身伪装，它可在海底低调地行动，不仅能轻松避开天敌的追踪，而且能悄悄接近小鱼或软体动物等猎物。除非蜕壳后体型变化过大，否则绵蟹绝不会和它的“帽子”分离。

红石蟹：不会横着走

未成年时，红石蟹外表呈黑色或深褐色；成年后蟹壳的颜色变得缤纷靓丽，大多数呈现鲜艳的红色、橙色或深红棕色，有的身体上会带一些小斑点和花纹。红石蟹偏爱直行，还喜欢“踮着脚”走，速度非常快。当它遇到危险时，会向敌人喷水以保护自己。

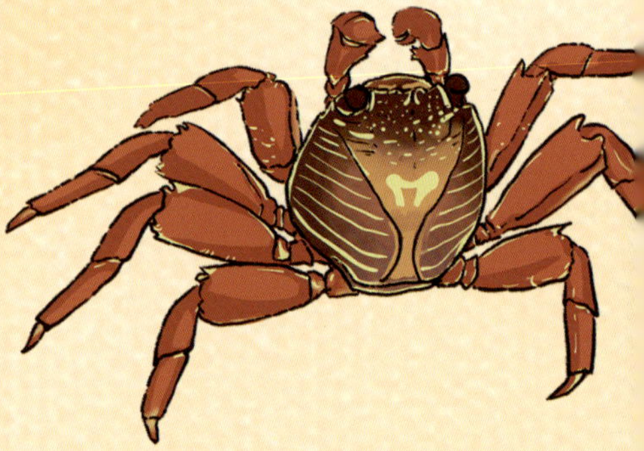

关公蟹：名字长在脸上

关公蟹头胸甲长大于宽，背面有沟痕和隆起，犹如中国古典戏剧中的关公脸谱。可惜，它名不副实，徒有其表。危急时刻，关公蟹不会扬起螯足战斗，只会自行将被敌人捉住的附肢或胸足舍弃，留给敌人当作美餐，从而换得活命的机会。生物学上称这种生理机制为“自割”。

的螃蟹

科普小知识

了解更多知识关注"中华绒螯蟹博物馆"

花纹细螯蟹：绝不放"手"

俗称"拳击蟹"，它的双钳紧紧夹着两只海葵，除非被打伤否则绝不会放"手"。海葵是拳击蟹赖以生存的武器，能够蜇伤捕食者，还能帮它捕食虾等无脊椎动物或者海藻。由于腾不出"手"，拳击蟹只好用后排的蟹足将食物送进嘴里。

方蟹：坐享其成

在马来西亚婆罗洲，方蟹多隐匿于东南亚常见的罐状苹果猪笼草中，过着极为惬意的生活。积蓄的雨水可以让它顺畅地呼吸，食性偏素的苹果猪笼草分泌的消化液对方蟹而言也不至于太酸。栖身"罐子"里的方蟹还有机会享用"免费午餐"，比如落入陷阱的昆虫或是腐烂的植物残渣。

寄居蟹：强抢"民居"

寄居蟹由于腹部没有坚硬的甲壳，只能为自己找一副"盔甲"，如螺壳、贝壳、蜗牛壳等。它们会将原主人吃掉或赶走，自己钻进去，并用几条短腿撑住壳的内壁，将长腿伸到壳外爬行，把壳作为自己的家。

知识多一点

中国自古就有食蟹记录

在太湖周围距今7000年的马家浜文化遗址出土的新石器时代文物中，发现了陶釜内的蟹壳，证明太湖先民早有吃蟹的习惯。

较早的关于螃蟹的文字记载

先秦荀子的《劝学》中有名句："蟹六跪而二螯，非蛇鳝之穴无可寄托者，用心躁也。"

江北新区

02 赛孚城应急安全中心（南京）

它是江苏省首家全实景灾难体验中心，内有五大主题、12个大项、多个小项的安全体验项目，如地震体验屋、垂直电梯应急体验等，面积约3000平方米，集应急装备与实景式安全体验为一体，被评为全国科普教育基地、江苏省科普教育基地、江苏省防震减灾科普教育基地、南京市科普教育基地、南京市研学基地。

11 江苏铁路教育

它由综合馆和高铁馆组
览，以时间为主轴，以重
等形式，展示江苏铁路14
铁馆设“高速铁路技术装备
相关知识的普及和教育。

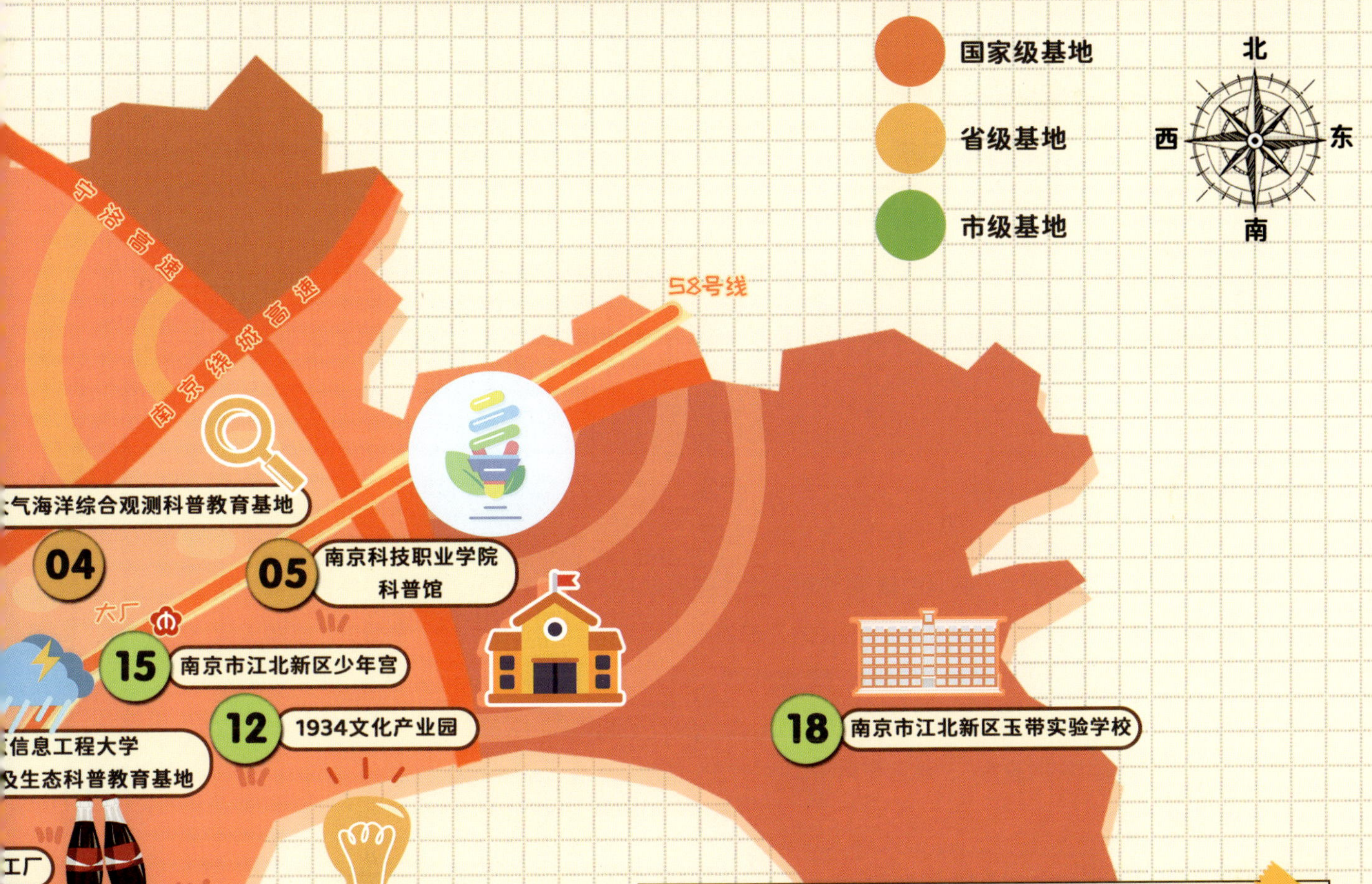

馆设“江苏铁路百年历程”展
节点，通过图文、影像及模型
发展历程和取得的辉煌成就。高
防范”展览，着重于高铁技术

⑫ 1934文化产业园

该园是江北新区首个老工业基地和非物质文化遗产转型的科普教育基地，前身为“中国化工之父”范旭东先生创立的永利铔厂。设有科普展示厅、迷你科普馆、实验课堂体验区、工业设备展厅、工业遗存参观区等，总面积达5000平方米，为游客提供沉浸式的工业旅游体验。

⑯ 南京信息工程大学应用气象及生态科普教育基地

该基地建立了一支由国家级高层次人才领衔，以教授、副教授、讲师为骨干力量的科普服务队伍，在农业气象和防灾减灾、生态环境保护、碳达峰碳中和、气象科普文化传播等领域的研究达到国内先进水平。现有各类实验室总面积2500平方米，面向不同社会群体的受众开展各类科普教育，还可组织中小学生开展科学小实验、科技实践等活动，激发少年儿童的科学兴趣。

你不知道的

原本是一种药剂

1885年美国佐治亚州，一名叫约翰·彭伯顿的医生兼药剂师，发明了一种黑棕色，具有提神、镇静及减轻头痛作用的可卡酒。第二年的5月8日，为了改进可卡酒口感，他向其中加入了糖浆、水和冰块，但在倒第二杯时，助手不小心错加了碳酸水（二氧化碳+水），却发现了前所未有的好味道！

合伙人罗宾逊从糖浆的两种成分——古柯（Coca）的叶子和可拉（Kola）的果实的名称中获得命名的灵感，并将Kola中的K改为C，然后在两个词中间加一横线，于是CoCa-Cola诞生了。

消费量最多的国家

虽然可口可乐的总部和原产地都在美国，但美国的可口可乐消费量仅排全球第四，每人每年消费401瓶。排名第一的是墨西哥，人均消费量为745瓶。中国是人口大国，虽然年人均消费量仅为28瓶，但已经是可口可乐的第三大市场了。

太空罐：第一款飞上太空的汽水饮料

1985年，可口可乐随着“挑战者号”航天飞机登上外太空，成为人类在外太空饮用的第一款饮料。太空罐的高度为15厘米，外观看上去像是在一个我们平常喝的普通可口可乐罐上加了一个特殊的饮用装置，而实际上其材料和设计都大有乾坤。在初上太空10年后的1995年，可口可乐公司研制出一台冷饮机，能够为宇航员提供冰爽的健怡可乐和可口可乐，这也是冷饮机第一次在太空中工作。

“可口可乐”

蝌蝌啃蜡与阮玲玉

1927年，上海街头悄然出现了一种饮料——“蝌蝌啃蜡”。它不仅名字奇怪，而且充满气泡、甜中带苦，不少人嗤之以鼻，销量奇差。第二年，可口可乐公司公开登报，用350英镑的奖金征求译名。最终，上海教授蒋彝以“可口可乐”击败了所有对手。它不但保持了英文名的音，还比英文名更有寓意，中文品牌名由此诞生。

当时最红的电影演员阮玲玉是可口可乐的代言人。阮玲玉拍摄的可口可乐广告画不仅出现在报纸上，还被印成日历进入千家万户，成功帮助可口可乐打入中国市场。1948年，上海成为首个可口可乐海外销量超百万标箱的城市。

可口可乐“统一”了圣诞老人的形象

在1931年以前，圣诞老人并没有一个固定的形象，他可以是瘦瘦高高的人，也可以是长相奇怪的精灵。

1931年，可口可乐公司为了应对圣诞节可乐销量急剧下降的状况，突出自己在大众心目中的形象，聘请插画师Haddon Sundblom来制作可口可乐版的圣诞广告画，创造出了一个挺着大大的肚子、留着白胡子白头发的和蔼可亲的老人形象，这也成为如今广为人知的圣诞老人形象。

瓶装可乐更好喝

可口可乐的口感与饮料内二氧化碳气体含量相关。密封在玻璃瓶内的可乐放置六个月后二氧化碳含量仍可达到98%，比塑料瓶要高很多，因此玻璃瓶装可乐口感更好。

一听可乐有多少糖

一听可口可乐（330毫升）含糖量为39克，相当于10块方糖，在专家建议的每天糖分摄取量40克以内。

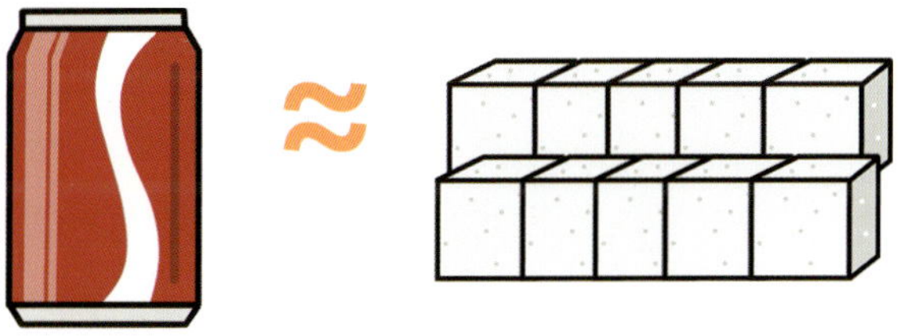

330毫升 39克

天有

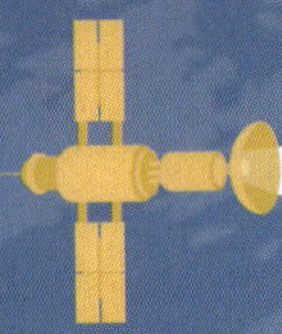

让天气预报更精准的“黑科技”

目前中国可以实现全球范围内的有效天气预报，对于中国地区3天之内的晴雨报告，准确度能高于80%。国际上天气预报的有效性已从早期的1~3天提高到5~7天。

“ULD3000”机械狗

它可以代替人工，在低至-40℃和高达80℃的环境中从事气象工作。它可以监测温湿度、气压、风速风向、太阳辐射、颗粒物等气象要素，且无须物理指北即可在移动中同时测量风速、风向。

“火炬”式手持气象站

它可以对风速、风向、温度等进行分钟级甚至秒级的实时监测，并将探测到的气象数据及时传输到后台信息中心，为工作人员提供决策依据。

相控阵天气雷达

它能提高对中小尺度强天气的探测预警能力，可解决“局部地区”天气情况看不准的问题。与传统气象雷达相比，它具有以下优点：

体扫时间：由6分钟减少到30秒

距离分辨率：由1公里提高到30米

扫描仰角：由0°~19°提升至0°~72°

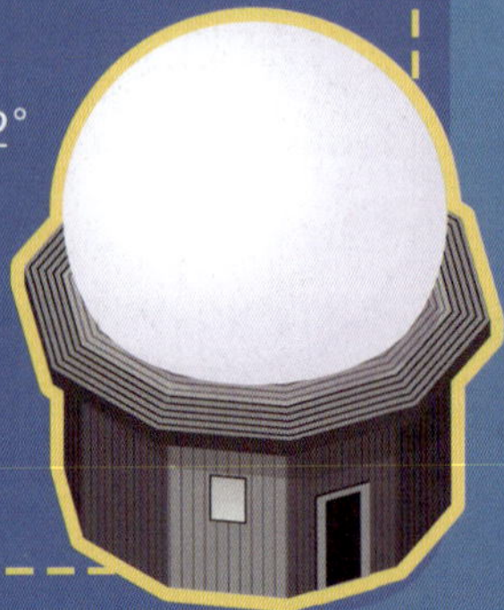

探空气球

探空气球携带的探空仪器犹如一个听诊器，从低空逐层扫描至高空，从而精准地获得空中各个层次的气压、温度、湿度、风向、风速等气象要素。

新舟60气象机

它是国内人工影响天气作业主力机型。具备冷云和暖云增消雨作业、复杂气象科学探测、空地协同控制等功能。

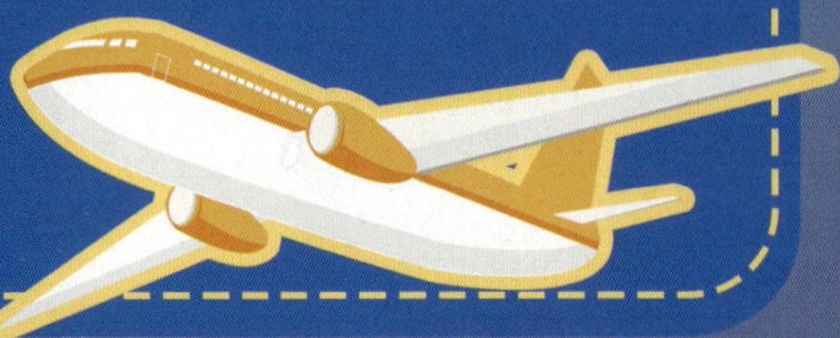

大型气象探测无人机

它可以对台风强对流云内部进行“CT式扫描”，将温度、湿度、气压、水凝物等海洋上空和海面观测数据，实时传送回地面指挥系统，提升防灾、减灾能力。

科普小知识

了解更多知识关注“应用气象及生态科普教育基地”

气象谚语里的科学原理

蜻蜓飞得低，出门戴斗笠：下雨之前空气中水汽增多，小虫子的翅膀变得潮湿而飞不高，为了捕获更多食物，蜻蜓飞得很低。

燕子低飞蛇过道，大雨就来到：在夏天下大雨之前，一般气压会降低，而燕子、蛇这些小动物对气压变化很敏感，它们乱飞乱跑，一般就意味着要下大雨了。

天有棉花云，不久雷雨鸣：棉花云即絮状高积云，云体大小不等、高低不一，常在夏天晴空中出现。它是在潮湿空气和不稳定的天气条件下形成的，也是天要下雨的象征。

喜鹊枝头叫，出门晴天报：清晨喜鹊一边跳跃，一边发出婉转的叫声，一般是晴天的征兆。这是因为它能够感知空气中的气流流动和水分含量等影响天气的信息。

日落胭脂红，无雨便是风：晴转阴雨之前，空气中水汽和尘埃增多，阳光中除红色光外全部发生散射，太阳光呈现“胭脂红”色，预示着风雨将至。

天上钩钩云，地上雨淋淋：钩钩云也叫钩卷云，一般出现在北方冷空气或高空低气压影响之前。出现了这种云，预示着将要下雨。

知识多一点

什么是大气通量观测？

接近地面的空气里有很多旋涡，旋涡里有地面释放出来的水汽、热量、二氧化碳和甲烷等，带着“小爪子”的设备（如三维超声风速计）可以捕捉到这些旋涡，然后利用仪器（如红外线气体分析仪）测量出旋涡里水汽、热量、二氧化碳和甲烷的含量，这样就可以知道地面向大气里释放了多少水汽、热量、二氧化碳和甲烷，这就是大气通量观测。南京信息工程大学建立的“太湖中尺度涡度通量网”是全球首个湖泊中尺度涡度通量网，为中国“双碳”行动的实施提供了丰富的理论和数据支撑，研究成果入选“ChinaFLUX十大科学进展”。

南京市科普基地名录

玄武区

01 中国科学院紫金山天文台紫金山园区

国家级科普基地
电话：025-84347503
开放时间：9:00-16:30
地址：玄武区天文台路1号

位于南京紫金山第三峰，是1934年落成的“国立紫金山天文台”旧址所在地，见证了中国现代天文学的发展历史，是全国重点文物保护单位、中国首批十大科技旅游基地之一、全国科普教育基地。

02 南京古生物博物馆

国家级科普基地
电话：025-83282255
开放时间：9:00-17:30
地址：玄武区鸡鸣寺景区南侧

以“演变中的地球，进化中的生命”为主线，讲述地球和生命演化中的故事，包括“生命的进化”主题展区等20余个展区，展出古无脊椎动物、古植物、微体古生物和脊椎动物化石标本近千件，其中尤以“澄江动物群”和包括“中华龙鸟”在内的“热河生物群”化石标本最为珍贵。

03 南京地质博物馆

国家级科普基地
电话：025-51816587
开放时间：9:00-17:30
地址：玄武区珠江路700号

由老馆和新馆组成，建筑面积近万平方米，展出面积达6000平方米，设地学摇篮、中国石文化、矿产资源、地质环境、行星地球、生命演化、恐龙世界7个展厅，以及临时展厅、学术报告厅等，展出岩石、矿物、古生物等标本约5000件，常年免费开放。

04 南京市红山森林动物园

国家级科普基地
电话：025-85430087
开放时间：8:30-16:30
地址：玄武区和燕路168号

以“教育公众，贡献社会”为服务宗旨，始终致力于园内野生动物保育工作和江苏地区野生动物的收容救护工作，并积极开展形式多样的公众教育项目，已成为展示江苏省、南京市生态文明成果的重要窗口。

05 南京中山植物园

国家级科普基地
电话：025-84347036
开放时间：周二至周日8:30-17:00
地址：玄武区前湖后村1号

占地206公顷，现保存植物约1万种共10万余株，其中不乏珍奇特、新特优的品种。建成展览温室植物、药用植物园、宿球根花卉园、盲人植物园等21个专类园（区）；拥有华东地区最大的植物标本馆，馆藏标本约80万份。

06 中国北极阁气象博物馆

国家级科普基地
电话：025-52698278
开放时间：需要预约
地址：玄武区北极阁2号

中国气象局和江苏省人民政府共同立项建设的第一个气象专业博物馆，室内展馆分古代、近代、当代和现代气象四个展区，系统展示了从石器时代起一直到改革开放后中国气象科学艰难而辉煌的发展历程；室外景观区设有古代气象仪器、古代著名气象历史人物群雕、中国3000年气象历史记录浮雕、北极阁观象台等。

07 中国电信未来信息馆

国家级科普基地
电话：025-83218566
开放时间：需要预约
地址：玄武区中央路2号

该馆是一座富有灵动魅力、激荡创想力的高品质信息生活体验馆，共三层，总面积为4000多平方米。通过先进的视听设备，以实物呈现、场景模拟和互动体验为主要展示形式，向公众集中展示未来工作、家庭、休闲等方面的信息化应用。

08 南京紫金山昆虫博物馆

国家级科普基地
电话：025-52663633
开放时间：9:00-17:00
地址：玄武区四方城西路26号

以昆虫为主题的专题类博物馆，馆内常设9大展厅，展览面积1600平方米，向公众科普生物多样性，同时兼具昆虫分类学研究、标本制作及收藏的功能。

09 江苏省农业科学院科研展示温室

国家级科普基地
电话：025-84392855
开放时间：需要预约
地址：玄武区钟灵街50号

内设6个主展区，建筑面积8900平方米，主要从生物育种、农业生态环境、农业信息技术、农业设施发展等角度，展示蔬菜、花卉、豆类等作物新品种，生物利用、立体栽培、水肥一体、智慧农业等现代农业新技术，以及综合性蝴蝶生态园营建新模式。

10 南京理工大学兵器博物馆

国家级科普基地
电话：025-84315769
开放时间：需要预约
地址：玄武区孝陵卫200号

以“典藏 传承 励学 致用”为馆训，主要服务于学校的教学科研和军工文化宣传教育工作，普及军事知识，促进我国兵器研究和国防人才培养，是国防科技工业军工文化教育基地和全国科普教育基地。

11 中华农业文明博物馆

国家级科普基地
电话：025-84399033
开放时间：需要预约
地址：玄武区卫岗1号

首个系统收藏、研究和展示中国农业历史与文化的高校专题博物馆，一座记录着中国古代农业哲学的大学博物馆，藏品包括古代农业生产工具1000余件、原版涉农古籍346部3000余册等。镇馆之宝有春秋战国时期的鸡蛋、明嘉靖刻本《齐民要术》、中国最早的一支青霉素。

12 南京博物院

国家级科普基地
电话：025-84800448
开放时间：9:00-16:00（周一闭馆）
地址：玄武区中山东路321号

中国三大博物馆之一，是国家AAAA级旅游景区、全国重点文物保护单位和中国20世纪建筑遗产。馆藏文物上至旧石器时代、下迄当代，均为历朝历代的珍品佳作和备受国内外学术界瞩目的珍品。珍贵文物数量居中国第二，仅次于北京故宫博物院。

13 中国科学院南京土壤研究所

省级科普基地
电话：025-86881031
开放时间：需要预约
地址：玄武区北京东路71号

以土壤资源与信息、土壤地力与保育、土壤环境与修复、植物营养与肥料、土壤生物与生态等为核心研究领域，拥有联合国粮农组织的特约图书馆和亚洲最大的土壤标本馆。

14 六朝博物馆

省级科普基地
电话：025-52326032
开放时间：9:00-17:30（周一闭馆）
地址：玄武区长江路302号

中国展示六朝文物最全面的遗址博物馆、反映六朝文化最系统的专题博物馆。由世界著名建筑大师贝聿铭之子——贝建中领衔的贝氏资深设计团队担纲设计。

15 江宁织造博物馆

省级科普基地
电话：025-83416802
开放时间：9:00-17:30（周一闭馆）
地址：玄武区长江路123号

在清代江宁织造遗址上建造而成，由著名建筑学家、两院院士吴良镛先生担纲设计。围绕“江宁织造的历史及职能”与“《红楼梦》文化”两大主题，设置四组基本陈列，讲述江宁织造与《红楼梦》的故事。

16 南京抗日航空烈士纪念馆

省级科普基地
电话：025-83416802
开放时间：周二至周日9：00–17：00
地址：玄武区蒋王庙街289号

由航空烈士公墓、抗日航空烈士纪念碑、纪念展馆三部分组成，建筑面积2000多平方米，主体建筑外形呈机翼状，从空中俯视犹如两架振翅飞翔的战斗机。室内展厅和室外展区共同展示了二战期间中、苏、美等国空军在中国大地上联合抗击侵华日军的历史。

17 南京海底世界有限公司

省级科普基地
电话：025-84441119
开放时间：淡季9:00-16:30
旺季8:30-17:00
地址：玄武区四方城8号

融科普教育、观赏娱乐为一体的大型海洋生物展示工程，占地面积3.2万平方米，建筑面积1万多平方米，于1996年年底开放，投资额约2亿元人民币。

18 中科院南京天文仪器有限公司

省级科普基地
电话：025-85482017
开放时间：需要预约
地址：玄武区花园路6-10号天仪大厦

成立于1958年，专门从事科学级天文望远镜、大型光机电一体化仪器装备的研究、设计与制造，是中国科学技术大学天文技术与方法专业研究生培养单位，建有实验天文台一座，配备400毫米口径卡塞格林式天文望远镜等天文观测设备。

19 江苏省血液中心–“血液的奥秘”科普馆

省级科普基地
电话：025-85411196
开放时间：需要预约
地址：玄武区龙蟠路179号

该馆长期免费向公众开放，内容包括血液与健康知识，是全国健康促进与教育示范基地、江苏省优秀科普教育基地。宣传内容紧扣日常生活和社会热点，形式新颖多样，满足了公众对科普知识的需求。

20 南京市红山初级中学

省级科普基地
电话：025-85358096
开放时间：需要预约
地址：玄武区营苑南路3号

南京市初中教育内涵发展与全面提升计划配套建设工程、江苏省科普教育基地，包括路演区、机器人教学区、竞赛区、3D打印区、无人机电子创客区、手工木工区等区域，还有800多平方米的STEM创新教育空间，供周边地区的孩子体验使用。

21 江苏省农业科学院种质资源与生物技术研究所

省级科普基地
电话：025-84390351
开放时间：9:00-16:00
地址：玄武区钟灵街50号

围绕江苏现代农业发展需求，以种质资源研究为基础，以生物技术为手段开展农业研究。目前保存各类作物种质资源4.9万份；建有试验田700余亩、玻璃温室2000平方米、设施大棚4000平方米，主要用于种质资源收集保存、繁殖，新品种选育及科普宣传和展示等。

22 国家肉品质量安全控制工程技术研究中心

省级科普基地
电话：025-84396937
开放时间：周一至周五8:30- 17:30
地址：玄武区卫岗1号南农大卫岗校区雨润楼

该基地实施素质教育，将“阳光教育”融入新时期教育，实践“孩子的笑脸是学校的阳光”思想，探索“自主创新性”教育教学模式，践行基础教育改革，并积极开展少年儿童的科技教育工作，利用现有资源与现代教育技术手段提升学生综合素质。

23 作物遗传与种质创新国家重点实验室

省级科普基地
电话：13913834359
开放时间：周一至周五8:30-17:00
地址：玄武区卫岗1号南农大卫岗校区

“十五”期间中国农业领域首个通过论证批准建设的国家重点实验室，江苏省农业领域首个国家重点实验室，致力于研究新种质、培育新品种、提高农作物产量、提升农作物品质，荣获多个国家级、省部级奖项。

24 农业农村部果梅杨梅优异种质资源科普展示基地

省级科普基地
电话：13016938014
开放时间：需要预约
地址：玄武区卫岗1号南农大卫岗校区

国家级农作物种质资源公益性共享利用平台，也是国际上收集和保存果梅杨梅种质资源数量最多、类型最为丰富的基地，现保存果梅杨梅种质资源400余份。

25 现代农业装备与工程技术展示中心

省级科普基地
电话：15366092824
开放时间：需要预约
地址：玄武区中山门外柳营100号

该展示中心是南京农业机械化所进行原创性现代农机装备新成果展示、农机装备发展历史沿革脉络展现等科普工作的主要阵地，于2015年建成启用，现拥有各类新装备、展板、图片、农机零部件、核心小产品、多媒体视频等科普展品300多件，以及200亩农田的野外科普示范基地。

26 南京盛峰茶业有限公司

省级科普基地
电话：025-84440930
开放时间：需要预约
地址：玄武区中山门大街89号

国家级非物质文化遗产绿茶制作技艺（雨花茶制作技艺）保护单位，江苏省乡土人才传承示范基地，江苏省科普教育基地，南京雨花茶及绿茶制作技艺（雨花茶制作技艺）的重要推广宣传窗口。

27 智慧农业科普教育基地

省级科普基地
电话：025-84391912
开放时间：需要预约
地址：玄武区钟灵街50号

基地内装有物联网传感器、智能水肥一体化系统、智能环境管控系统等智慧农业相关软硬件设施，并且配备自主研发的采摘机器人、巡检机器人、运输机器人等先进的智能化设备，能够为广大青少年提供前沿的智慧农业科普教育课程。

28 南京农业大学梨工程技术研究中心

省级科普基地
电话：025-84396580
开放时间：周一至周五9:00- 17:00
地址：玄武区卫岗1号

自2008年建成后，已保存杂交群100多个，杂交后代8万多株，创新优良种质50多份，育成夏露、宁霞等早中熟和自花结实性梨新品种6个，是国家梨产业技术研发中心等平台的建设依托单位，也是作物遗传与种质创新国家重点实验室的重要组成单元。

29 中国科学院南京地理与湖泊研究所

省级科普基地
电话：025-86882273
开放时间：仅限团队预约
地址：玄武区北京东路73号

前身系1940年8月在重庆北碚成立的中国地理研究所，是全国唯一以湖泊–流域系统为主要研究对象的国立综合研究机构，也是第一批全国中小学生研学实践教育基地。

30 南京梅园新村纪念馆

市级科普基地
电话：025-84540739
开放时间：9:00-17:00（周一闭馆）
地址：玄武区汉府街18-1号

由中共代表团办事处旧址（全国重点文物保护单位）、国共南京谈判史料陈列馆、周恩来铜像、周恩来图书馆等组成。是全国爱国主义教育示范基地、全国红色旅游经典景区、国家AAAA级旅游景区、国家一级博物馆。

31 江苏矿物文化交流中心

市级科普基地
电话：025-84301068
开放时间：周一至周五9:00-16:00
地址：玄武区中山门大街299号

全国最大的矿物、化石、地学科普馆之一，建筑面积3500平方米，展品超过3000件，是南京大学、北京大学、中国矿业大学、中国地质大学的合作伙伴，以“创新、创造、体验”为理念，以科普为导向，定期开展公益性的科普教育活动。

秦淮区

01 晨光1865创意产业园

省级科普基地
电话：025-83241865
开放时间：周一至周五8:30-17:00
地址：秦淮区应天大街388号

前身为清同治四年（1865）创建的金陵机器制造局，是当时四大兵工厂之一，开创了中国近代军事工业和兵器工业的先河。完好保留有50余栋优秀工业建筑，包括9栋清朝厂房、21栋民国厂房及新中国成立后厂房若干，堪称一座反映中国近代工业建筑历史演变的展览馆。

02 南京江南丝绸文化博物馆

省级科普基地
电话：025-86890186
开放时间：9:00-17:30（周一闭馆）
地址：秦淮区菱角市66号国创园

收藏和展示了具有江南丝绸文化特点的丝绸文物、品种纹样、文史资料，以及珍贵的非遗代表作和各类丝织品，以多样性的文创、文化演绎活动传播桑蚕丝绸的文化艺术内涵，打造创意型、科普型、体验型、综合性、标杆性的特色文化园。

03 南京市白蚁防治服务中心

省级科普基地
电话：025-52379817
开放时间：需要预约
地址：秦淮区虎踞南路88号

设有南京白蚁防治科普展厅、科研中心，除日常的科研工作外，还开展科普夏令营及科普游等活动，提供白蚁饲养参观、白蚁活体标本制作及染色等互动体验活动。

04 南京市建邺路小学

省级科普基地
电话：025-83716008
开放时间：需要预约
地址：秦淮区张府园21号

以科技教育为办学特色的江苏省实验小学，拥有一流设备的航模制作教室、航空模型电脑模拟飞行训练室、航空模型展览馆，配置了大批航空模型器材和设备，充分满足校内及周边科普教育的需要。

05 江苏省有色金属华东地质勘查局地质找矿虚拟实验室

省级科普基地
电话：025-84688373
开放时间：需要预约
地址：秦淮区大光路26号

地质找矿虚拟实验室涵盖了地质信息化核心作业区、地质资料馆、博韬矿物资源馆，实验室开创性地提出地质信息化科研科普并行发展路线，对虚拟现实、三维仿真、人机交互等技术进行集成，推出“点石成金”地质科普教育在线平台，对地质勘探、地质调查、城市地质等大地质工作进行三维重塑。

06 中山小学生命科学馆

省级科普基地
电话：025-84878230
开放时间：需要预约
地址：秦淮区首军路2号

集陈列展示、课程开发、实验探究于一体的数字化、交互式科学探究馆，该馆造型新颖别致，布置生动有趣，富有浓郁的大自然氛围和儿童情趣，融人与自然、人与科学、人与环保为一体，具有科学性、知识性和趣味性。

07 大眼睛眼健康科普馆

省级科普基地
电话：025-52225170
开放时间：需要预约
地址：秦淮区仙鹤街100号

儿童青少年眼健康科普教育主题场馆，通过科普短视频、趣味漫画、H5沉浸式体验、交互互动科普道具、IT系统技术交叉结合等形式，实现可参与的互动性科普展览。

08 南京税收博物馆

省级科普基地
电话：025-84793095
开放时间：需要预约
地址：秦淮区复成里3号

面积1800平方米，展出1178件/组税收历史文物，分为古代、近代和现代税收文化三个展区单元，纵向勾勒税收历史演变和发展，横向展示税收与国家、税收与民生的关系和作用，对税收文化进行全面的阐释。

09 南京市民俗博物馆

省级科普基地
电话：025-52217104
开放时间：9:00-17:30（周一闭馆）
地址：秦淮区南捕厅15号

研究、展示和保护南京民俗及南京非物质文化遗产的专业性博物馆，是南京唯一的"双博馆"，馆址为全国重点文物保护单位——甘熙宅第。甘熙宅第为多进穿堂式古民居，是目前我国大中城市中规模较大、保存较完整的清代民居建筑群。

10 南京钰缘泉博物馆

省级科普基地
电话：18913398828
开放时间：9:00-16:30（周一闭馆）
地址：秦淮区来凤街1号明城墙
集庆门段上方

展览面积近800平方米，展品约500多件，所展文物分两类：一类为西汉到明清时期的陶瓷器文化，其中作为镇馆之宝的元青花更是罕见珍贵、精美绝伦；一类为新石器时期到明清时期的玉器文化，展示反映出了中华民族对玉文化的崇尚。

11 南京市车联网科普基地

省级科普基地
电话：025-84586293
开放时间：需要预约
地址：秦淮区永智路10号

首个面向车联网的科普教育基地，以实物，视频等多种形式展示了车联网、车路协同技术的发展，以及智能网联、数字化路侧设施等新技术应用。

12 南京市光华东街小学

市级科普基地
电话：13913834359
开放时间：需要预约
地址：秦淮区光华东街12号

梦想定格社配备了专业拍摄器材、拍摄道具、动画制作工具等，能同时满足50人的学习创作。辅有相应的学习场馆、课程等丰富的资源支持，以项目化学习为引领，整合科学、数学、工程与技术等多学科学习。

13 南京市第三中学

市级科普基地
电话：025-84502232
开放时间：需要预约
地址：秦淮区大行宫文昌巷63号

南京三中文昌初中无线电科普基地拥有电子实验室和电台操作室，学校拥有先进的无线电通信设备，可以开展短波通信、卫星通信、数字通信、无线电测向等无线电通信实践活动。电子实验室可以开展摩尔斯电码训练、无线电相关制作和实验。

14 南京航空航天大学附属高级中学航空博物馆

市级科普基地
电话：025-84502232
开放时间：需要预约
地址：秦淮区御道街35号

馆内有仿真模型飞机、像真模型飞机70多架,其中不少都是珍藏，如一战时期"红色男爵"模型全国少有。另有10台安装了模拟飞行训练软件的电脑，参观者可在电脑上进行模拟飞行练习。

15 南京市秦淮区少年宫

市级科普基地
电话：025-84391912
开放时间：需要预约
地址：秦淮区长乐路165号

区少年宫"智造空间"青少年科技创新教育研学基地针对不同年龄段学生的特点，研发了"机械探究""大航海智造"等科技类课程,这些课程均荣获南京市校外教育特色课程一等奖。

16 月牙湖街道富丽山庄社区

市级科普基地
电话：025-84289150
开放时间：需要预约
地址：秦淮区富丽山庄36幢

内设社区科普图书馆、科普活动室、科普大学、科普宣传栏、名人苑等，使社区的科普宣传工作走上了新的台阶。成立南京首批社区科普大学，建立社区科普志愿者队伍，社区科普资源得到了不断整合与提升。

17 南京市瑞金路小学

市级科普基地
电话：025-84488700
开放时间：需要预约
地址：秦淮区瑞金路38号

创客教室主要进行创客活动等科学研究活动。教室配备了3D打印机、计算机、显微镜、航海模型专用工具等，能同时满足50人共同创作。创客教室成立之后，学校多名学生在市区创客竞赛中获得优异成绩。

18 南京市凤游寺小学六足园蝴蝶生态实验室

市级科普基地
电话：025-69653755
开放时间：需要预约
地址：秦淮区集庆路187号

获得国家级奖项26个，已成为学校独特的、以保育和繁殖蝴蝶为主的校内科学探究和创新基地，是校园内的户外学习中心。本着“珍爱生命、敬畏自然”的初衷，着手开发配套校本课程，让学生在与六足园的不断对话中，逐渐走向全面发展。

19 南京市后标营小学

市级科普基地
电话：025-69789176
开放时间：需要预约
地址：秦淮区后标营42号

全市首个“全国模拟运动指导站”，“中国航海模型运动协会团体会员”。开设了“陆上丝绸之路”的创客课程与“海上丝绸之路”的大航海课程，师生们共同参与大航海“智”造——基于航海模型的STEM创新研究，展示和开发了学生的潜在创新思维、制作能力。

20 南京师范大学附属中学秦淮科技高中

市级科普基地
电话：025-58087917
开放时间：需要预约
地址：秦淮区石杨路5号

学校建设了江苏省一流的科创中心，包括VEX机器人实验室、无人机创客实验室、智能汽车实验室、北斗无线电创意实验室和CNC加工中心等。学校还建设了理科实验中心，包括数学探究实验室、刘炳昇科学探究实验室、化学数字化实验室和生物与环境创新实验室等。

21 南京市物联网科普教育示范基地

市级科普基地
电话：15651622509
开放时间：需要预约
地址：秦淮区凤游寺路52号17栋

它是国内以认知物联网为主题的标杆级创新体验中心，面积约2500平方米，展示了认知制造、智慧城市、智慧家居、数字供应链等10余项物联网重点行业领域的上百项创新应用成果。

建邺区

01 国网江苏电力体验馆

国家级科普基地
电话：025-82228088
开放时间：需要预约
地址：建邺区奥体大街9号

该馆设“源生万物”“行者无疆”“此心光明”和“遇见未来”四个展区，立足江苏特色、紧扣电力特点、注重服务内涵、贴近客户体验，通过声、光、电、影等多样的展示形式介绍江苏电网概况，以及“输、变、配、调”电网全过程管控情况。

02 江苏省民防教育体验馆

国家级科普基地
电话：025-86339797
开放时间：9:00-17:00（周一闭馆）
地址：建邺区月安街51号

该馆紧扣防空防灾主题，集科普、展示、宣传、教育、体验于一体，让观众在互动体验中增强国防观念和安全意识、掌握应急避灾和自救互救技能。

03 南京绿博园消防主题馆

国家级科普基地
电话：025-86467521
开放时间：需要预约
地址：建邺区扬子江大道228号绿博园沙趣园

面积约1万平方米，是全省首家专门针对儿童群体的智慧型消防安全教育体验场所。室外区域有许多消防创意设施。室内场馆以面向儿童科普防火和逃生知识为内容，用高科技多媒体手段进行展示，以冒险游戏闯关的形式串联起游玩路线，构建寓教于乐的消防安全科普体验新模式。

04 南京云锦博物馆

省级科普基地
电话：025-86605778
开放时间：10:00-16:00
地址：建邺区茶亭东街240号

国家三级博物馆，其“南京云锦木机妆花手工织造技艺”成功入选联合国教科文组织颁布的《人类非物质文化遗产代表作名录》。该馆前身是成立于1982年的中国织锦工艺陈列馆。先后被授予“全国爱国主义教育示范基地”“全国工业旅游示范点”“省级科普教育基地”等称号。

05 海昌海洋探索馆（原金鹰动物园）

省级科普基地
电话：13390772268
开放时间：周一至周五10:00-18:00
周六至周日10:00-21:00
节假日10:00-21:00
地址：建邺区应天大街888号金鹰世界

以海洋生物为载体设立科普教育专区，实现“用眼睛去看、耳朵去听、身手去感触”的立体式科普教育。

06 江苏省环境监测中心

省级科普基地
电话：025-69586523
开放时间：需要预约
地址：建邺区中和路100号

该中心的大气环境监测多参数站是省内监测因子最多最全的“超级旗舰款”大气污染观测点，一站式揭秘雾霾的“前世今生”；该中心的生态环境部重点实验室，可让公众亲身走进国内顶级的突破型、引领型、标杆型实验室。

07 金陵图书馆

省级科普基地
电话：025-51872790
开放时间：周一至周日9:00-20:30
（周四9:00-17:00）
地址：建邺区乐山路158号

设有多种类型阅览室及会展等配套服务设施，另广建社区分馆、地铁图书馆等主题分馆和阅读服务点，为广大读者提供书刊借阅、参考咨询、信息检索、会议展览、讲座培训及各类读书交流活动等信息。

08 侵华日军南京大屠杀遇难同胞纪念馆

省级科普基地
电话：025-86612230
开放时间：8:30–17:30（周一闭馆）
地址：建邺区水西门大街418号

该馆是关于南京大屠杀历史、日军“慰安妇”制度、世界反法西斯战争胜利的综合型博物馆，大量的文物、照片、历史证言、影像资料、档案及遗址对历史真相做了完整的阐述，部分影像资料已经被联合国教科文组织列入《世界记忆名录》。

09 江苏省淡水水产研究所渔业科普教育基地

省级科普基地
电话：025-86581561
开放时间：需要预约
地址：建邺区茶亭东街79号

充分展现长江流域渔业资源与文化特色，展示江苏优势渔业品种近300个（其中有江豚、中华鲟等珍稀品种）；借助研究所科研成果基础，研究所现有科普平台，更好发挥省级科普教育平台的作用。

10 南京奥林匹克博物馆

市级科普基地
电话：025-87750589
开放时间：9:30-16:30（周一闭馆）
地址：建邺区金沙江西街9号

由原国际奥委会委员、国际奥委会文化与遗产传承委员会主席吴经国先生以南京青奥会为契机创办，是国际奥林匹克博物馆联盟成员之一，江苏省科普教育基地，奥林匹克文化青少年教育基地。

11 苏交科科普教育示范基地

市级科普基地
电话：025-86575486
开放时间：需要预约
地址：建邺区富春江东街8号

苏交科是国家创新型企业、国家企业技术中心、国家知识产权示范企业、国家引进国外智力示范单位和江苏省科普教育示范基地，拥有近30个国家和部省级科研平台，年接待参观人数超1万人次。激发青少年的科学兴趣，接触科学，体验科学。

12 南京市金陵中学实验小学

市级科普基地
电话：025-86697098
开放时间：需要预约
地址：建邺区松花江西街6号

该校的“自然科学之旅”项目依托学校自然科学馆、数字农植园、劳动长廊等校内科技教育场馆；《小学生走进大学实验室》的研究成果邀请了南京航空航天大学、南京农业大学等在宁高校协助进行课程开发。

13 中华中学附属小学科技馆

市级科普基地
电话：025-86451507
开放时间：需要预约
地址：建邺区苍山路28号

该馆以模拟飞行为特色，场馆内设有VR模拟体验仓、360度旋转模拟飞行体验器，以及6台VR模拟飞行器，20多台模拟飞行器，打造结合“教学”“体验”“模拟学识”为一体的科教场馆。帮助青少年在寓教于乐中知行合一，提升知识水平和操作能力。

14 长江江豚科教中心

市级科普基地
电话：18914719979
开放时间：9:30-17:00（周一闭馆）
地址：建邺区科技路33号胜科国际水务中心

开展长江水资源生物、长江大保护、长江江豚等主题科普活动，帮助青少年拓宽自然科普知识，提升生态保护意识和自然科学素养。

15 南京国际友好城市展览馆科普教育示范基地

市级科普基地
电话：025-86727862
开放时间：需要预约
地址：建邺区平良大街89号

内设7个展厅，藏有各友好城市赠品近170件，是市民了解世界的重要窗口、促进民心相通的重要桥梁，同时也是全国最大最新的友好城市展览馆。

16 南京五瑞双碳科普 教育示范基地

市级科普基地
电话：025-86514800
开放时间：周三至周日9:00-17:00
地址：建邺区河西商务中心区B地块新地中心2期901室

集“展览、科技、文化、教育、体验”五大功能为一体的综合型园区，以观、听、触摸、互动的方式构建了一个长期、立体、可持续的展示平台，提供生态游览、康体健身、环保科普和互动体验。

鼓楼区

01 江苏省科学技术馆

国家级科普基地
电话：025-83759015
开放时间：周三至周日9:00-16:30
地址：鼓楼区石头城118号

有科技·智慧、探索·发现、数字·信息、生态·家园、生命·健康等五大主题展区，另设有科学剧场、4D动感影院、小玩家俱乐部及安全星训练营等，展示展品近200件。

02 南京大学物理学院

国家级科普基地
电话：025-83592870
开放时间：预约开放
地址：鼓楼区汉口路22号

基地拥有南京大学物理国家级实验教学示范中心、固体微结构物理国家重点实验室等卓越平台，依托由院士、各类国家级人才和教授等组成的科技传播专家服务团队，举办高科技前沿科普讲座，有效提升青少年的科学素养。

03 南京市青少年宫

国家级科普基地
电话：025-57710608
开放时间：预约开放
地址：鼓楼区马台街9号

通过开展主题教育、综合实践、公益活动、展演赛等，建立起“依托体验激发兴趣、根据兴趣培养特长、围绕特长搭建综合素质展演赛平台”的教育生态圈，并实施“快乐课堂”“温馨服务”“展演赛平台创新”三大提升计划，助力青少年快乐成长。

04 南京国防园

国家级科普基地
电话：025-83313180
开放时间：9:00-17:00（周一闭馆）
地址：鼓楼区虎踞路87号

该基地是国家AAA级景区，以国防科普教育为主题、军事拓展活动为特色、防震减灾科普为亮点，融政治性、思想性、知识性、趣味性、娱乐性为一体。

05 南京邮电大学国家大学科技园物联网科普教育基地

省级科普基地
电话：025-83535323
开放时间：需要预约
地址：鼓楼区模范马路66号

基地依托南京邮电大学及科技园企业资源建设，设立“物联网协同创新应用示范和成果体验区”展示平台，以展板展示、实物展览、操作演示等形式，深入浅出地介绍物联网的原理、系统构成和应用前景。

06 南京巨鲨医疗显示科技有限公司

省级科普基地
电话：025-83305050
开放时间：8:30-17:30
地址：汉中门大街301号A座8楼

该基地依托江苏省医学图像显示技术工程研究中心，专注于医学影像知识普及。基地拥有1300平方米的展示和体验空间、展示设备物品130台/套，日接待能力达300人次，年开放超300天，并积极开展科普讲座、中小学生夏令营、大学生实践、科普日等特色活动。

07 宁海路街道海洋国防教育馆

省级科普基地
电话：025-83320988
开放时间：周二至周六9:00-17:00
地址：鼓楼区宁海路54号

该馆建筑面积为1100平方米，分为序厅、海洋历史篇、海洋形势篇、海洋资源篇、海洋国策篇、航母模型专题馆、海洋社区篇等部分，生动地介绍了海洋知识、海洋权益、海洋资源和海防力量，寓教于乐，增强全民海权意识。

08 南京田家炳高级中学

省级科普基地
电话：025-83551096
开放时间：预约开放
地址：鼓楼区长江新村8号

基于江苏省科技教育课程基地建设的创新实验室位于学校科技教育金字塔架构的顶端，面向兴趣学生，在现有理化生实验室的基础上建立的高层次科学探究场所。可进行物质分析、动物行为、植物组培、DNA比对等探究活动。

09 南京师范大学附属中学树人学校

省级科普基地
电话：13500576387
开放时间：预约开放
地址：鼓楼区树人路1号

应用已结项的省一类前瞻性优秀项目融合育人成果建成的梦工厂，主要由人工智能实验室、创客工坊、数学实验室、VEX机器人创新基地、凌云航模馆、布艺设计实践室及梦想舞台构成，是一个跨学科科普教育、综合实践探究的学习乐园和梦想生长的地方。

10 江苏爱粮节粮科普教育基地

省级科普基地
电话：18066118680
开放时间：周一至周五9:00-17:00
地址：鼓楼区中山北路212-1号

基地从宣传粮食安全的角度出发，通过互动体验为主、静态展示为辅的科普手段，塑造出宽松活泼的科普场景，在全社会倡导爱粮节粮、反对浪费的良好风气。

11 南京市第二十九中学

省级科普基地
电话：025-86267809
开放时间：预约开放
地址：鼓楼区蓝天园23号

国家级示范高中，江苏省四星级普通高中。获得“全国文明单位”、网络学习空间应用普及优秀活动学校、省智慧校园示范校、省文明校园、省德育先进学校、省先进基层党组织、省体育传统项目学校、省国防教育示范学校、省社科普基地等百余项荣誉。

12 米兰达视光学科技馆

省级科普基地
电话：025-85730062
开放时间：周一至周五9:00-18:00
地址：鼓楼区古平岗4号C北座9楼

以科学传播为宗旨，围绕“视光学•材料”的大主题，建设了“视觉•奥秘”等四个子主题展厅近20个细分展区，通过图文、模型、多媒体、材料展示、场景体验等多种形式，为大众创造了沉浸式的视光探秘空间。

13 南京市生命急救体验馆

省级科普基地
电话：025-68168534
开放时间：周一至周五8:30-11:30，
14:00-16:30,提前预约
地址：鼓楼区紫竹林3号

集体验、学习、教育培训于一体，通过虚拟现实、宣传展板、视频播放、实物展示、互动参与和现场介绍等方式普及自救互救、创伤的基本急救技术、心肺复苏术及自动体外除颤仪（AED）的使用等内容。

14 南京火眼金睛教育科技有限公司安全星训练营

省级科普基地
电话：025-83716008
开放时间：周一至周五9：00-17:00，团体预约
地址：鼓楼区汉口西路120号

是专业从事消防安全教育的综合服务平台，是全省唯一一所专业从事消防安全教育的培训场馆。涵盖消防安全科学知识普及、灾难自救与逃生训练、消防主题文化传播等4大区域30多个学习体验单元。

15 江苏省有害生物科普馆

省级科普基地
电话：18118996997
开放时间：每周二下午开放
地址：鼓楼区江苏路172号

展示各类有害生物的实物标本、模型、展板、显微镜、视频等内容，生动形象地普及有害生物及防制的相关知识，宣传科学、高效、环保的防制原则及方法，达到提高大众健康生活水平的目的。

16 江苏省质量和标准化研究院

省级科普基地
电话：025-86650016
开放时间：周一至周五8:30-17:00
地址：鼓楼区石鼓路227号

标准是科学技术和先进经验的总结。基地通过对安全、环保、卫生专题标准的推广和普及，提升社会各界对科学知识的了解，促进高质量发展。

17 南京市力学小学

市级科普基地
电话：025-83716008
开放时间：预约开放
地址：鼓楼区汉口西路120号

高度重视科技教育，大力支持科学教育。开设人人参与的“大眼睛”科技节活动，开展特色社团活动课程，开展教室在窗外的科学活动课程，积极组织学生参加科技竞赛活动，对学有余力的儿童给予发展机会。

18 南京市芳草园小学

市级科普基地
电话：025-83736767
开放时间：预约开放
地址：鼓楼区芳草园33号

实施素质教育，将“阳光教育”融入新时期特点，实践“孩子的笑脸是学校的阳光”思想，探索“自主创新性”教育教学模式，践行基础教育改革。同时积极开展少年儿童的科技教育工作，充分利用现有资源与现代教育技术手段，提升学生综合素质。

19 南京大学附属丁家桥小学

市级科普基地
电话：025-83477880
开放时间：预约开放
地址：鼓楼区长江新村6号

南大附小机器人教育活动开展10余年来，共辅导学生近千人参加各级各类机器人、创客、人工智能竞赛活动，培养学生发现、分析、解决问题的能力，全面提升学生的信息素养能力。

20 南京市天妃宫小学

市级科普基地
电话：025-58806593
开放时间：预约开放
地址：鼓楼区天秀巷、热河路104号

基地多年来一直重视科技特色教育工作，学校确立了以科技教育为突破口，依托科研，面向全体学生。创设科技环境，发挥环境育人功能，学校的宣传橱窗定时展示科普宣传资料，每学年举办一次科技文化节等，使科技教育的春风吹进校园的每个角落。

21 南京市无偿献血科普教育基地

市级科普基地
电话：025-83479560
开放时间：周一至周五8:30-16:30
地址：鼓楼区紫竹林3号

南京市无偿献血科普教育基地以文字图片实物展示、视频、多媒体互动、网上科普馆、专兼职讲解、专家答疑、现场参观、深入体验、志愿者活动、宣讲团等方式进行血液及无偿献血相关知识的科普。

22 江苏五季健康管理有限公司

市级科普基地
电话：025-58999205
开放时间：预约开放
地址：鼓楼区汉中路282号

基地以中医“治未病”理念为指导，开设了传统中医门诊、国医大师工作室、中医特色体检中心、非药物调理中心、中医女子美容中心、中医儿童保健中心、健康产品、中医书院和养生酒店等项目。

栖霞区

01 南京农业大学八卦洲百合基地

省级科普基地
电话：17751750390
开放时间：9:00-16:00
地址：栖霞区八卦洲外沙村

分为百合种质资源保存与研发基地和百合产业中试孵化基地两部分，占地约120亩，是华东地区最大的百合科研基地，也是江苏省省级花卉推广示范基地。现收集保存观赏百合、食用百合、野生百合和功能性百合等2000余种。

02 南京大学化学与新材料科普教育基地

省级科普基地
电话：025-89680195
开放时间：需要预约
地址：栖霞区仙林大道163号

南京大学化学与新材料科普教育基地展教面积约6000平方米，拥有科普仪器、展品600多件，涵盖化学、化工、材料科学、能源科学、生命科学和环境保护等领域，内容系统、展示手段先进，融科学性、通俗性、趣味性于一体。

03 南京鹂岛现代农业发展有限公司农业科普馆豆豆王国

省级科普基地
电话：18761875725
开放时间：9-11月
地址：栖霞区八卦洲街道中心路118号

依托江苏省农学会、植物研究所等高校院所资源，通过打造创意景观、科普视频，设置科普宣传栏，开展互动体验活动等方式，重点介绍各类新品种、先进栽培模式、航天育种应用、珍稀植物、农耕文化等。

04 南京金都金箔技艺博物馆

省级科普基地
电话：13515113899
开放时间：9:00-16:00（周一闭馆）
地址：栖霞区龙潭巷东侧疏港路1号

当代世界首家综合性金箔博物馆，注重围绕国家级非遗——南京金箔锻制技艺、江苏省级非遗——南京传统真金线制作技艺等传统技艺进行展示。馆内设金箔技艺厅、打箔机展示厅、乌金纸技艺厅、传统真金线技艺厅及金箔艺术品展示厅，以传统技艺的制作过程为载体讲述金箔、金线及乌金纸的历史，馆藏品300余件。

05 南京立乾花卉苗圃科普示范基地

省级科普基地
电话：15851830514
开放时间：7:30-16:30
地址：栖霞区龙潭街道立乾花卉1号园

共有多肉花卉3000多种，根据不同使用需求分为教学区、生活区、综合活动区、接待区、温室生产区、实验室科研区。各区种植品类不同，都有专家做科普培训。植物都有身份铭牌（含二维码），学生可自主扫码了解更多知识。

06 南京市十月军校

省级科普基地
电话：025-85660106
开放时间：需要预约
地址：栖霞区尧化街道水田村118号

基地依据党的历史，打造了一系列红色教育实景，如"'一大'文化馆""长征路"微场景、延安精神主题馆、雷锋文化馆等，并建有天文科普馆、射击体验馆等活动场馆，是江苏省南京未成年人社会实践栖霞基地。

07 南京中医药大学中药标本馆

省级科普基地
电话：025-85811346
开放时间：需要预约
地址：栖霞区仙林大道138号

现有中国医史馆、江苏中医馆、中药馆、养生馆四个常设展厅和一个临时展厅，总建筑面积11000平方米，展陈面积约4500平方米。通过各类中医药器具、医籍文献和中药材标本，呈现中国中医药悠久历史，彰显江苏中医药特色成就。

08 石域科学科普教育基地

省级科普基地
电话：13913962212
开放时间：周三至周日9:00-17:00
地址：栖霞区玄武大道96号

石域科学品牌自主打造的综合性青少年科普基地，江苏首家青少年自然博物学科普教育场馆，拥有自然博物馆、青少年自然教育中心、自然博物商店三大主体功能区，展陈了数百件来自全球各地的珍贵自然标本，并定期为青少年开展各种自然教育活动。

09 南京市栖霞区石埠桥小学

省级科普基地
电话：025-85508063
开放时间：周一至周五8:30-16:00（寒暑假除外）
地址：栖霞街道

学校建有少年绿色科学院实践基地，展教面积约1000平方米，包括特色蔬菜作物科学种植实验田、智能生态阳光房实践基地、水生态研究基地、少年绿色科学院活动与展览室。基地还拥有一支由科普专职人员、科普兼职人员、科普讲解员和科普志愿者共20多人组成的科普团队。

10 中国（南京）智谷AI体验中心

省级科普基地
电话：025-85777178
开放时间：周一至周五9：00-17：00
地址：栖霞区兴智路6号兴智科技园

中心内有沉浸式体验空间，面积超90平方米，360度全景视觉引领参观者穿越时空，全面了解AI技术的发展历史。

11 南京大学左涤江天文台

省级科普基地
电话：025-89687509
开放时间：需要团体预约
地址：栖霞区仙林大道163号

利用南京大学天文与空间科学学院的师生资源和天文学科的优势，利用科普展厅、天象厅、大型教学望远镜及省天文学会科普基地，通过主题报告、观测实践、科普讲解、进校园、课题组开放日和社区共建天文科普基地等形式，开展天文科普。

12 江苏省计量科学研究院

省级科普基地
电话：025-86435528
开放时间：需要预约
地址：栖霞区文澜路95号

全省最高法定计量检定机构和省级科研院所，利用科技成果展示、科普视频、文化长廊、科技讲座等形式，开展科普服务活动，让青少年从小认识计量，让相关专业大学生熟悉计量，让社会各界关注关心计量。

13 南京师范大学珍稀动植物标本博物馆

市级科普基地
电话：18061769533
开放时间：需要预约
地址：栖霞区文苑路1号

以动植物科学为主题，集教学、科研和科普于一体的科学教育类博物馆。藏有珍稀标本10万余件，其中大型动物标本1万余件，小型昆虫等标本5万余件，还包括已经功能性灭绝的白鱀豚标本。

14 射频识别（RFID）系统工程技术科普教育示范基地

市级科普基地
电话：025-84356519
开放时间：需要预约
地址：栖霞区马群大道10号

依托国家射频识别（RFID）系统工程技术研究中心开展科普活动，致力于射频识别关键技术研究、相关产品研发及应用系统推广工作，通过实物展示、现场实验、典型应用介绍等方式，面向公众展示RFID技术的基本知识、发展现状、关键技术、具体应用等。

15 陌上花渡科普教育示范基地

市级科普基地
电话：025-85282272
开放时间：8:30-17:30
地址：栖霞区八卦洲街道中心路118号

以南京农业嘉年华品牌为依托，将传统农业与现代农业有机融合，通过会展形式对外展陈，同时融入时事、传统文化和现代园艺，结合观赏、互动、活动、宣讲等形式对中小学生进行启迪，加深他们的认知。

16 南京欢乐谷

市级科普基地
电话：025-83091666
开放时间：10:00-19:00
地址：栖霞区欢乐谷北路8号

包括南京欢乐谷陆公园及玛雅海滩水公园，以水陆两栖、日夜两玩的双产品，打造南京复合娱乐新地标。森海世界拥有鱼类生物近百种；萌宠动物20余种，200余只；是集海洋生物与陆生萌宠动物展示、科普、互动及研学教育于一体的多功能场馆。

17 电磁兼容科普基地

市级科普基地
电话：025-85664801
开放时间：需要预约
地址：栖霞区兴智路6号兴智科技园

展区内容包括电磁干扰的危害、种类与传播等，将场地、实物展品和科普图文相结合，以集科学性、知识性、趣味性于一体的展览内容和互动参与的形式，反映科学原理及技术应用，鼓励受众动手探索实践，从而激发科学兴趣，普及科学知识，提高科学素养。

雨花台区

01 南京科技馆

国家级科普基地
电话：025-58076111
开放时间：周三至周日9:00-17:00
地址：雨花台区紫荆花路9号

江苏省规模最大的现代化、多功能科普活动场馆，国家AAAA级旅游景区、全国科普教育基地、全国青少年素质教育基地。场馆由主体馆、科技影城和园区三部分组成，总占地面积15万平方米，是南京市政府为提高全民综合素质、推进科技事业的发展而投资兴建的重大公益性社会文化项目。

02 南京中华指纹博物馆

国家级科普基地
电话：025-52431305
开放时间：工作日8:30-16:30
地址：雨花台区小行路16号

江苏警官学院创办，以中国指纹历史文化为主题的高校博物馆。展馆占地面积2200平方米，藏品近万件，展出藏品约1500多件。展区分为序、指纹探秘、指纹溯源、指纹发展、指纹应用和互动体验等六个单元。

03 睿悦VR开放服务平台

省级科普基地
电话：025-89635828
开放时间：工作日10:00-17:00
地址：雨花台区安德门大街57号楚翘城

全国首个集全球性联合实验室、公共调试平台、开发者社区、体验厅和孵化器于一体的VR开放服务平台，包括技术成果展示厅及各类型实验室。在这里，参观者戴上VR设备就可以获得身临其境般的沉浸式感受。

04 梅钢工业文化旅游区

省级科普基地
电话：025-86362261
开放时间：需要预约
地址：雨花台区梅钢路8号

国家AAA级旅游景区、江苏省工业旅游区。依托红色基因、工业文化、钢铁冶炼、智慧制造与花园工厂，以“钢铁是怎样炼成的”为主题，打造形成集红色教育、科普研学、文化体验、亲子娱乐于一体的工业文化旅游区。

05 紫麓雨花梦想剧场

省级科普基地
电话：025-58709080
开放时间：需要预约
地址：雨花台区竹影路5号3栋

剧场由南京广播电视集团与紫麓文化倾力打造，其开放性平台为戏剧、音乐、舞蹈、展览等多种艺术业态提供培育土壤，着力打造集剧目制作、剧场运营、票务管理、戏剧教育、IP转化联动等于一体的戏剧全产业链平台。

06 南京雨花智高科教工作坊科普教育基地

市级科普基地
电话：025-89668499
开放时间：需要预约
地址：雨花台区长虹路439号启迪聚微3楼

提供丰富的机器人编程、3D打印、科学实验等科技创新参观体验活动，以乐高机器人和江苏省级机器人工作室套件为载体，结合3D打印、创客机器人编程等创客课堂，以及科普活动周，开展科普宣传与青少年科教工作。

07 南京汉火VR消防科普教育基地

市级科普基地
电话：025-58785501
开放时间：需要预约
地址：雨花台区凤展路32号软件谷科创城

南京汉火科技专注于VR+安全的行业应用及内容开发，颠覆传统的安全培训模式，打造虚拟现实安全模拟体验系统核心产品，基地为行业和民众提供公共安全、科普教育、应急逃生和防灾减灾等领域的沉浸式“声”“动”体验。

08 南京阿凡达机器人科技有限公司

市级科普基地
电话：025-51887739
开放时间：周一至周五10:00-17:00
地址：雨花台区宁双路19号云密城B座5层

江苏省科普产品研发基地，南京市及雨花台区科普教育基地，拥有近3000平方米的可供展示、参观、科普、教学于一体的科普场地，并设有专门团队可提供专业科普服务。

09 南京软件谷Qual-comm中国联合创新中心

市级科普基地
电话：18114809031
开放时间：周一至周五9:00-18:00
地址：雨花台区花神大道17号华博智慧园

由创新实验室和展示中心组成，配备了先进的测试仪器，以物联网和5G方向为主，为“双创”企业提供技术评估、初期研发指导及系统兼容性测试，使企业了解全球前沿的无线科技，提高研发及自主创新能力，加快自身在智能终端及物联网各相关行业应用领域的发展。

10 江苏原力三维动画制作科普教育示范基地

省级科普基地
电话：15261498148
开放时间：需要预约
地址：雨花台区凤锦路36号

分为两个功能区域：三维动画制作技术科讲座、3D数字内容制作技术公共服务平台。其中，三维动作捕捉摄影棚是依据国际高品质 CG电影的技术标准建设的动捕一站式制作基地，摄影棚内设66个高速红外摄像机，搭载全新实时Online动捕技术，以及实时生成面部动画的表情捕捉系统，可以同时捕捉多人全方位动作及面部表情，将“动作捕捉”提升到“表演捕捉”的新高度。

江宁区

01 现代航海科普教育基地

国家级科普基地
电话：025-85777178
开放时间：需要预约
地址：江宁区格致路309号

以普及航海文化为己任，开展丰富多彩、形式多样的科普教育活动，如“青少年航海四季营”特色品牌研学活动及科普进校园、科普进社区等展示式、示范式、互动式活动等，弘扬航海文化，提升了社会的航海意识、海洋意识和蓝色国土意识。

02 河海大学开放型实验基地

国家级科普基地
电话：025-83787646
开放时间：需要预约
地址：江宁区佛城西路8号

由河海大学联合中国水利学会、江苏省力学学会，整合校内实验室资源面向公众开放的水利科普教育基地，包含牛首山科技园、水利工程综合模型、水文气象综合试验场、力学与创新思维空间、地质陈列馆5个场馆，总建筑面积约7万平方米，全年免费开放。

03 南京农业大学湖熟菊花基地

国家级科普基地
电话：025-84167728
开放时间：需要预约
地址：江宁区湖熟街道湖熟菊花园

拥有现代化温室3万多平方米，科普展教区面积达2.2万平方米。建有中国菊花种质资源保存中心，收集保存各类资源约5500份，选育菊花新品种400余个，菊花保存资源类型和数量居世界首位。被评为国家级专家工作站、国家现代农业科技示范展示基地。

04 南京市江南环保产业园生活垃圾焚烧厂

国家级科普基地
电话：025-87193939
开放时间：需要预约
地址：江宁区江宁街道静脉产业园1号

江苏省内已建成的单点最大的垃圾焚烧项目，日处理生活垃圾4000吨。通过参观和讲解，让参观者深入了解我们每天产生的生活垃圾如何在这里进行环保处理变成电能，实现变废为宝，以此增强参观者的环保意识。

05 现代道路交通工程科普馆

国家级科普基地
电话：025-52091244
开放时间：需要团体预约
地址：江宁区东南大学路2号

优化整合交通学院科研创新平台基地、交通试验中心场馆与仪器设备资源和交通学院展示厅，建设了“智能、安全、绿色、长效服役”四个主题科普馆，室内展馆建筑面积近7000平方米，重点宣传普及道路交通安全科研成果，是国家交通运输科普基地。

06 南京直立人化石遗址博物馆

省级科普基地
电话：025-68720777
开放时间：9:00-17:00（周一闭馆）
地址：江宁区汤泉西路169号

设有“地层天书、洞天福地、人类密码、文明之基”四个展厅，集遗址保护、文化旅游、科普教育为一体，以中更新世的南京直立人为核心，还原了人类先祖在南京的生存环境，被评为中国地质学会地学科普研学基地。

07 南京汤山翠谷现代农业科技园

省级科普基地
电话：025-52795029
开放时间：10:00-19:00
地址：江宁区上峰镇翠峰路1号

占地面积2610余亩，现有番茄智慧种植馆、蔬菜主题馆等科普场所，展示节水灌溉技术、精准施肥技术、无土栽培技术、农业发展史等各项先进的农业生产科技与农业成果。

08 紫清湖旅游区野生动物世界

省级科普基地
电话：025-87127777
开放时间：9:00-17:00
地址：江宁区环镇北路8号

目前园区已引进近百种动物，数量达几千头(只)，有大熊猫、金丝猴、东北虎、金毛羚牛等多种国宝级动物。园区设置了步行区和车行区，50%以上为互动项目，游客可以与动物零距离亲密接触。

09 食用菌生产与深加工科普基地

省级科普基地
电话：025-86178311
开放时间：需要预约
地址：江宁区弘景大道3601号

依托南京晓庄学院食品科学学院建成，具有公共科普服务功能的区域面积超700平方米，分为生产实验室、功能分子实验室、出菇示范基地和深加工综合实验室四个功能区，为食用菌生产与深加工提供良好的科普交流与合作平台。

10 江苏一夫科普基地

省级科普基地
电话：025-85098460
开放时间：9:30-16:30
地址：江宁区弘利路56号

以“认识工业副产石膏堆存带来污染的严峻形势，综合开发利用工业副产石膏资源，保护土地、水源等自然资源”为宣教特色，以科普展厅、研发中心系列实验室、石膏晶须生产中试车间为主要设施，开展形式多样的科普活动，提高参观者的环保意识。

11 南京市江宁区青少年社会实践基地

省级科普基地
电话：025-85098965
开放时间：需要预约
地址：江宁区横溪街道石塘人家

包含南京市中小学安全教育基地、南京市青少年法治教育实践基地、天文公园、丛林拓展中心、真人CS训练区、五公里登山拉练步道、党史国史馆、学生公寓、报告厅等，是江苏省中小学安全公共职业体验中心、南京市防震减灾科普宣传特色活动项目基地。

12 南京市卓越青少年科技创新能力发展中心科普基地

省级科普基地
电话：13057569383
开放时间：9:00-17:00
地址：江宁区弘景大道1号

拥有航模、机器人、3D打印机、小小科学家、小小工程师等声、光、电、磁各种系列的科教展品和科教培训课程体系。目前对外开放区域包括航模展示区、机器人展示区、科教体验区、科教培训区、远程科普教育区及科教套装展示区域等。

13 南京市江宁区气象局

省级科普基地
电话：025-52281194
开放时间：周一、三、五9:00-17:00
地址：江宁区宏运大道4688号

位于南京市江宁区气象局内，总面积约1200平方米，是一个以普及气象科学知识、介绍江宁气象历史沿革为主旨，着力提升公众防灾减灾能力的气象综合免费场馆。

14 东南大学物理学院

省级科普基地
电话：025-52090600
开放时间：周一至周五9：00-17:30
地址：江宁区东南大学路2号

对幼儿开展“小小科学家”夏令营和幼儿园科技节活动；对中小学生开展青少年夏令营和生活科普主题讲座，以及参观科研实验室活动，注重眼界开拓与思维拓展；让大学生提早参与科研项目，开展主题沙龙和科普讲解训练，参与夏令营讲解，注重掌握前沿科技、知识运用和表达。

15 南京航空航天大学物理学院

省级科普基地
电话：025-89668499
开放时间：需要预约
地址：江宁区将军路29号

依托学校“三航”特色背景、物理基础学科优势，利用学院教学科研平台，开展系列科普工作。如系列专家科普讲座、互动沙龙，面向中小学生的科普志愿讲解、科普劳动研学、科学家精神文艺创作等。学院教师与《新华日报》《扬子晚报》等媒体合作，参与科普探秘、科技咖啡馆等栏目制作。

16 东南大学智慧土木与抗震防灾科普基地

省级科普基地
电话：025-52090565-8008
开放时间：团体预约
地址：江宁区东南大学路2号

秉承“因地制宜、发挥高校特长”的基本原则，依托土木工程专业优势，紧密结合专题科普、宣传教育与科学研究，采用模型、展板、个人交互设备等器材，进行抗震防灾、智能建造、应急安全等系列主题科普。

17 舰船科普教育基地

省级科普基地
电话：025-86176231
开放时间：团体预约
地址：江宁区格致路309号

围绕“探索海洋，圆梦深蓝”主题，创新科普展览形态，以实物、读物、线上、线下等方式，展教结合，专兼结合，多元共存，全面展示魅力海洋装备前沿技术，普及海洋科学知识，促进海洋科技创新和科学普及协调发展。

18 南京市食品药品安全科普教育基地

省级科普基地
电话：025-89636130
开放时间：团体预约
地址：江宁区文芳路199号

开展食品药品安全的科普宣传与科普教育的公益性、专业性场所，内设图文与实物展区、多媒体展示与互动区、实验观摩与互动区、多功能讲学与交流区等，面积超2000平方米。

19 中电环保股份有限公司科普教育基地

省级科普基地
电话：025-86529992
开放时间：需要预约
地址：江宁区诚信大道1800号

基地建筑面积约4500平方米，展教面积约3700平方米，配备相应户外活动场所面积约3方平方米，通过动态模型、多媒体影音、展板介绍等方式，将环保工艺及前沿技术从工程项目现场和实验室浓缩至展示中心，全方位保障科普教育的顺利开展。

20 南京中药现代化科普基地

省级科普基地
电话：025-83226666
开放时间：需要预约
地址：江宁区中科路8号

这所阳光工厂和花园式工厂成立于1984年，是由中国科学院及其科研人员控股的高新技术企业，主营灵芝等中药创新药物及中药保健食品的研发、生产与销售，拥有3个灵芝主题的展馆和全开放式的生产线。

21 南京市江宁特殊教育学校

省级科普基地
电话：025-52394577
开放时间：周一至周五8:10-16：00
地址：江宁区至德路99号

创建于1986年，原名江宁县聋哑学校，2000年增设培智班并更名为南京市江宁特殊教育学校，涵盖学前、义务教育、中职学段，是一所环境优美、设施完备、功能齐全的现代化特殊教育学校，也是特殊儿童社科普及基地。

22 南京晓庄学院图书馆

省级科普基地
电话：025-86178173
开放时间：需要预约
地址：江宁区弘景大道3601号

该馆源于人民教育家陶行知先生1927年创办的晓庄试验乡村师范的“书呆子莫来馆”，现已发展为一座现代化的大学图书馆，馆舍面积达3.4万平方米，阅览座位近5000席，纸本藏书210余万册，电子书刊300余万种，电子数据库70余个。

23 南京谷美科技发展有限公司太阳谷科普教育创新基地

省级科普基地
电话：18205083716
开放时间：周一至周五9：00-17.30
地址：江宁区秣陵街道桥南大街188号

基地集科技创新、科普教育、工艺美术、视觉传达、科技农业、户外探索等领域于一体，旨在树立专业的科普服务品牌，全方位开发、拓展科技科普与科技工艺相结合的产业化道路。

24 水-Park科技馆

省级科普基地
电话：025-87185112
开放时间：周二至周六10:00- 5:00
地址：江宁区绕越高速和竹山路交汇处

涵盖七大“水”主题，集科普性、互动性、趣味性于一体，打造科普教育、产学研究、生态观光三位一体的教育实践活动。原创IP“小水珠”趣味动画，生动地科普了水循环过程。

25 南京卫岗乳业科普教育示范基地

市级科普基地
电话：025-52785977
开放时间：需要预约
地址：江宁区将军大道139号

以“卫岗牛奶历史文化”主题博物馆为核心，配套了乳制品研发大楼、产品检测中心、多媒体接待中心、企业及牧场仿真沙盘模型、产品和历史陈列室、牛小淳体验店、10大牧场等科普教育观光点。

26 江苏省建筑产业现代化创新展示馆

市级科普基地
电话：15851851218
开放时间：需要预约
地址：江宁区天元东路1009号

通过图文资料、多媒体影像、互动装置、实物模型等丰富的展现方式，从建筑产业现代化概念、学科前沿最新成果、装配式建筑生产施工、装配式装修等方面开展科普活动，并利用会议室、培训室等配套空间定期开展研讨会、交流会等线下活动。

27 金陵竹刻艺术博物馆

省级科普基地
电话：025-84819526
开放时间：需要预约
地址：江宁区润发路9号南方时代广场五楼

专门保护传承金陵竹刻艺术的博物馆，被评为江苏省金陵竹刻非物质文化遗产保护责任单位、省级金陵竹刻非物质文化遗产示范基地，科普展教总面积约1100平方米，展教品共650件，全年免费开放。

28 南京江宁“世凹桃源”

市级科普基地
电话：025-86138915
开放时间：需要预约
地址：江宁区谷里街道周村社区世凹村

占地800余亩，建筑面积近2万平方米，空气清新，环境宜人，常组织开展科普宣传周、科技下乡、科教进社区等形式多样的科普活动，为提高广大群众的科学文化素质发挥积极作用。

29 南京物联传感智能家居生活馆科普教育示范基地

市级科普基地
电话：40089289228
开放时间：需要预约
地址：江宁区秣周东路12号悠谷3号楼17层

WULIAN实景体验区，着重体现了WULIAN在家庭智慧场景上的便捷舒适生活，一个场景开关，即可操控家庭照明、电器、娱乐等设备，来访人员可亲自体验一键舒适生活，具有较强的实际场景应用体验性。

30 青少年机器人科普教育示范基地

市级科普基地
电话：025-52133538
开放时间：需要预约
地址：江宁区莱茵达路213号

机器人活动室面积300多平方米，配置了台式电脑30台、机器人活动器材40套，可供80~100人活动，为学生学习机器人知识创造了条件，为培养学生动手能力、创新能力提供了舞台，为学生提供了良好的科技发展平台。

31 南京博冠科普教育示范基地

市级科普基地
电话：17372979873
开放时间：需要预约
地址：江宁区蓝霞路1号南京博冠

基地设置了专门用于开展活动的科普教室，配置了多名专业科普人员和科普志愿者，主要致力于天文望远镜生产线展示、天文望远镜使用观测等相关天文科普。

32 诚明书院科普教育示范基地

市级科普基地
电话：13605596166
开放时间：需要预约
地址：江宁区东山街道石羊路12号

作为社会主义核心价值观教育实践基地，长期开展社会主义核心价值观、中华优秀传统文化和传统美德教育，并积极推行新国学教育体系，将优秀传统文化、红色革命文化、社会主义先进文化有机融合，努力实现传统国学的时代转化。

33 普爱医疗医学影像技术科普教育示范基地

市级科普基地
电话：13952008045
开放时间：需要预约
地址：江宁区望溪路97号、99号

参照医院实际建设要求，建有数字化展教厅、介入手术导管室、模拟手术室、模拟拍片室，可提供X射线影像设备及技术展览展示，现场进行拍片、手术施教和体验。

34 极客晨星少儿编程科普教育示范基地

市级科普基地
开放时间：全年开放
地址：江宁区双龙大道1539号太阳城国际购物中心

总面积500多平方米，是一家青少年编程活动学习基地。联合多所学校定期开展公益性科技教育普及活动——“公益进校园”，使学校的孩子们能够动手操作、亲身体验，在享受编程乐趣的同时接受科技教育。

35 汤畔人家农业综合园区

市级科普基地
电话：13236538555
开放时间：全年开放
地址：江宁区鹤龄社区汤畔人家农业综合园区

项目总占地2000多亩，核心园区210亩，项目由生态旅游、有机农业、休闲娱乐、田园养生四大板块组成，为青少年提供劳动教育、自然探索、农耕文化、萌宠互动、大地食育、二十四节气主题研学等主题服务。

36 南门农艺园自然与农业生态科普教育示范基地

市级科普基地
电话：15205176648
开放时间：需要预约
地址：江宁区大西线西宁社区

园内不仅有种植区、饲养区、鱼塘、林地，还有轰趴馆、耕织文化长廊等，是集教育、科普、休闲、娱乐于一体的综合性田园体。以“食”为主线，打造了“食光集庐”农博馆及“跨越时空的旅行”“二十四节气的故事”“豆豆的故事”三大课程。

37 信息高铁综合试验场展示中心

市级科普基地
电话：025-87733693
开放时间：需要预约
地址：江宁区创研路266号麒麟人工智能产业园

占地2000余平方米，展教面积约1500平方米，集视频科普、交互体验、实物展示、试验场景演示等多种形式于一体，集中展示中国首个“云、网、边、端”一体化协同算力基础设施试验场的建设背景、技术构成及应用场景等。

38 综合交通科普教育示范基地

市级科普基地
电话：025-86582214
开放时间：需要团队预约
地址：江宁区麒麟科创园宝善寺路56号

主阵地是现代桥隧科技馆，主要通过国家重大工程项目模型和各种智能设施，展示我国桥梁工程和隧道工程在科技创新、设计施工和智能制造方面取得的成就，建筑面积1710平方米，拥有盾构机、太湖隧道防水模型等大型展品及技术模型26件。

39 全控VR虚拟现实科普教育示范基地

市级科普基地
电话：13357829313
开放时间：需要预约
地址：江宁区东山街道科苑路128号骆村兴民工业园

以9D VR影院座椅、赛车模拟系列、飞行模拟系列、海洋船舶航行驾驶系列、驾校驾驶模拟器、地震模拟仿真等主题为主模拟仿真体验，支持多部影片。

40 多伦智慧交通科普教育基地

市级科普基地
电话：025-52168888
开放时间：9:00-17:00
地址：江宁区天印大道1555号

主要科普交通安全和智能交通领域的综合解决方案，包括智能驾考驾培信息化系统、交通安全教育体验中心、交通信号控制优化系统、交通指挥系统等，以及交通信息采集、诱导、道路停车、安防监控系统。

41 万德斯环保科普教育示范基地

市级科普基地
电话：025-84913518
开放时间：周一至周五9:00-17:30
地址：江宁区乾德路57号

基地依据企业的主营业务，合理使用企业技术中心平台和工程研究中心，通过展板、实物、视频、沙盘以及互动游戏等形式，让参观人员了解垃圾污染治理、水污染治理、垃圾分类、环境保护等技术。

42 金斯瑞生物安全普法教育示范基地

市级科普基地
电话：025-58897288
开放时间：9:00-17:00
地址：江宁区雍熙路28号

江苏省首个生物安全普法教育基地，设有生物行业安全展示区、普法课堂讲授区、生命科学实验与教学互动区等多个功能分区，并配备专业讲解人员，为参观者提供生动易懂的技术知识讲解。

43 西洋湖蜜蜂科普馆

市级科普基地
电话：025-52691059
开放时间：9:00-17:00
地址：江宁区湖熟街道耀华社区西洋湖

以蜂文化为主题，以馆为载体，从蜜蜂的起源和演化、蜜蜂的生物学特性、蜂产品的生产体验、蜜蜂为农作物授粉增产等多方面进行科普，为公众带来沉浸式蜂场体验。

44 机御未来机器人科普教育基地

市级科普基地
电话：18020152055
开放时间：9:00-17:00
地址：江宁区蓝霞路 9 号

南京首个以“机器人+人工智能”为主题的大型教育基地，占地3000平方米，旨在为大众搭建集科普教育、赛事运营、会议宣讲于一体的智能化平台，常开展机器人竞技、无人机、3D打印、航空航天等主题一日营等科普活动。

45 南京市江宁科学园小学

市级科普基地
电话：025-52133538
开放时间：8:00-17:00
地址：江宁区莱茵达路213号

南京市星光基地学校、南京市科技教育示范学校，以培育“善德·真知·健体·美行·创新”的学生为目标，以科技教育为特色，实现了智能机器人、仿生机器人课程全面普及，曾多次走出国门参与竞赛，成果突出。

46 南京松鼠咔咔森林乐园

市级科普基地
电话：4009600998
开放时间：周一至周五8：30-17：00
地址：江宁区谷里街道旅游大道1号

占地约400亩，以松鼠为IP主体形象，打造以森林生态为核心的南京首家自然教育亲子乐园。乐园引进了国外完善的自然教育理念，设置并长期经营多项自然教育课程，打造南京首家寓教于乐的生态亲子乐园。

浦口区

01 南京老山科普教育基地

省级科普基地
电话：025-58112708
开放时间：8:00-17:00
地址：浦口区黄山岭路90号

公园地处南京近郊，横贯浦口，负氧离子含量丰富，高峰奇险峻美，茂林修竹滴翠，曲径通幽访古，自然景观与人文景观融为一体，是一个集休闲度假、生态观光、运动健身、科普研学为一体的多功能景区。

02 南京市浦口区第三中学

省级科普基地
电话：025-58883071
开放时间：需要预约
地址：浦口区城运路8号

曾两度获评省科普教育基地，已形成“有内涵、上档次、重品牌”的科技教育特色，有各类机器人、无人机、3D打印等设备，新建有大疆机甲对抗场地，可开展青少年科普创新体验学习。

03 南京集成电路创新馆

省级科普基地
电话：025-58271511
开放时间：周一至周五9:00-17:00
地址：浦口区双峰路69号智慧谷A栋

将传统手段与科技手段相结合，通过投影墙、触控屏、机械臂演示、AR等多种方式形象、直观地展示IC发展历程、IC技术打造出的电子产品，使参观者在趣味性、动手参与中学习集成电路产业科学知识。

04 自行车体育文化科普教育基地

省级科普基地
电话：025-58656666
开放时间：9:00-17:30
地址：浦口区岔琥路29号水墨大埝景区

以自行车文化为中心，结合蝴蝶文化、地质文化、动植物文化以及赛事运动文化，逐渐发展成为自行车文化科普教育与研学旅行基地。充分发挥南京青奥会这一国际赛事的窗口效应，通过室内文化展陈与室外活动体验，淋漓尽致地展示自行车运动主题文化。

05 南京市浦口区气象防灾科普馆

市级科普基地
电话：025-58882117
开放时间：需要预约
地址：浦口区沿山大道236号

江苏省首个气象防灾科普馆，主要致力于科普教育和气象防灾减灾知识宣传普及工作，被评为全国气象科普教育基地、市区两级科普教育示范基地、浦口区新时代文明实践十大基地之一等。

06 浦口区图书馆

市级科普基地
电话：025-58885102
开放时间：周二至周日9:00-18:00
地址：浦口区江浦街道象山路4号

公益性公共图书馆，建筑面积5500平方米，馆藏图书32万余册，共享工程支中心数字资源容量达20 TB，设读者座位约800个，有专属流动服务车1辆，日均人流量近2000人次。

07 膜法世界科普教育基地

市级科普基地
电话：025-58109595
开放时间：需要预约
地址：浦口区江浦街道园思路9号

目前国内为数不多的以膜分离技术作为主要展示内容的科普教育基地，展品涵盖无机膜、有机膜等产品及设备。参观者可以学习先进的膜相关技术及应用情况。

08 草圣书乡科普教育示范基地

市级科普基地
电话：025-58355101
开放时间：9:00-17:30
地址：浦口区桥林街道林蒲社区草圣书乡

总占地面积约960亩，围绕“当代草圣”林散之这一核心人文要素，充分利用当地特色资源，打造以书法文化为核心，以文化旅游、亲子研学为主要方向的科普文化交流基地。

09 老山中蜂生态园

市级科普基地
电话：025-58223182
开放时间：8:00-16:30
地址：浦口区天浦路18号

中蜂生态园分为中蜂场、种植园、生态大棚、湿地区、生态池，将生态实验、农业科普、自然景色参观融为一体，通过搭建昆虫乐园、栽种绿色植物等基础农业概念，构建富有活力的中蜂生态园。

六合区

01 江苏省农业科学院六合动物科学基地

国家级科普基地
电话：025-57686108
开放时间：需要预约
地址：六合区竹金路364号

全国一流的综合性农业科研与产业平台，10多个专业所的研发平台先后入驻基地开展科学实验与展示示范工作，是全国首批“国家农业科技创新与集成示范基地”。

02 江苏六合池杉湖省级湿地公园

省级科普基地
电话：025-57658839
开放时间：8:30-17:00
地址：六合区程桥街道金庄社区

总面积约3600亩，与安徽来安池杉湖国家湿地公园共同构建跨省池杉湖湿地生态系统、动植物资源的保护框架。其核心区域的千亩池杉林是国内稀有的水上森林资源，林中有水，水中有林，林中有鸟，水中有鱼，形成了类似于亚马逊河的独特的生态景观。

03 南京冶山国家矿山公园

省级科普基地
电话：025-57571116
开放时间：8:30-16:30
地址：六合区冶山街道

该馆被地质学家誉为“中国冶炼史上的一个里程碑”，是中华冶炼的肇始地，中国矿山开采史上的一个缩影。其地下开采直观、形象地展现了我国从西周至现代采矿技术的发展史，翻开了中国冶铁史的首页。

04 南京市六合区冶山街道文化体育服务中心

省级科普基地
电话：025-57573027
开放时间：8：30-17：00
地址：六合区冶山街道画乡路1号

中心致力于六合农民画的传承和发展，以农民画为载体进行社科普及宣传，举办法治宣传、国家安全、乡村振兴、乡风民俗等主题展，以及全国农民画优秀作品展，还面向游客开展农民画非遗体验活动。

05 南京金牛湖野生动物王国科普教育示范基地

省级科普基地
电话：025-57567888
开放时间：9:00-17:00
地址：六合区金牛湖街道

国内首个集山地、宕口、矿坑为一体的野生动物园，也是长三角地区颇具特色的野生动物王国。目前，这里共有包括金腹白眉猴、白喉卷尾猴、黑熊、狮子等在内的300余种、1万余只（头）动物。

06 六合区气象灾害防御科普文化园

省级科普基地
电话：025-57126756
开放时间：需要预约
地址：六合区气象路121号

以“气象”为特色，以“文化”为元素，以“防灾”为目的，向全社会传播气象文化、普及气象灾害防御知识。基地还以青少年为主要群体，打造了“科普+校园”双向互动机制。

07 南京苏康生态农业有限公司

市级科普基地
电话：025-52292122
开放时间：需要预约
地址：六合区龙池街道朱营村

占地1000余亩，充分利用园区农产品种植养殖资源，以自然农耕体验和民俗非遗文化传承为主题元素，是中小学生素质培养的实践基地。为满足社区各界的科普需求，园区全年对外开放。

08 艾津稻园科普教育基地

市级科普基地
电话：025-57100168
开放时间：9:00-17:00
地址：六合区横梁街道三友湖村

占地1006.8亩，集综合服务、科技展示、生产示范、劳动体验、教育科普、休闲旅游于一体，常围绕水稻相关农业种植新技术、新品种、新模式、新装备及稻作文化相关主题，开展丰富的四季研学活动。

09 运动健康3D数字化科普教育示范基地

市级科普基地
电话：18020108838
开放时间：周一至周五9:00-18:00
地址：六合区时代大道96号

建有全国最大的3D打印运动鞋垫工厂，占地2200平方米，以生物力学、人体工学原理为理论基础，结合人体运动过程中的潜在和已在损伤，利用高性能新型材料及生产工艺，进行个性化定制产品的研发与生产。

10 南京桂子山石柱林

市级科普基地
电话：025-57577818
开放时间：8:30-17:00
地址：六合区冶山镇桂子山景区

1000万年前火山爆发时，玄武岩浆喷射到地面冷却收缩后形成六棱型、五棱型等不同形态的“柱状节理”。现有的石柱林直观陡壁约30余米，比美国的黄石公园石柱林高2倍，如修饰性开发后直观高度可达100米，雄伟壮观。

11 南京秦邦吉品农业开发有限公司

市级科普基地
电话：025-84730568
开放时间：需要预约
地址：六合区横梁街道钟林村

针对国内有机农业生产起步和产业不足，开展生物动力的生产技术的推广培训活动，与更多的农民、农场分享秦邦吉品技术和实践经验。结合有机农场的多样性和中小学校需求，开展自然教育、昆虫观察、牧场大学、食育课堂等科普农学活动。

12 南京市六合区地震办公室科普教育示范基地

市级科普基地
电话：025-57132156
开放时间：周一至周五9:00-17:00
地址：六合区延安路57号

六合地震台是江苏最先实现数字化观测技术的台站，观测手段先进，观测数据精确，观测资料每年都在全国、全省评比中获奖。基地充分利用现有资源，积极开展形式多样的防震减灾宣传工作，普及防震知识，提高减灾意识。

溧水区

01 南京溧水大金山庄国防园

国家级科普基地
电话：025-57490799
开放时间：8:00-17:00
地址：溧水区东屏街道金山路99号

全国首家民营区级国防园，占地1200亩，建有“五馆一路一墙两园”，打造了百草园、荷花谷等科普园地。园区科普课程设置着重突出综合性、多样化、体验式、特色点的结构设计理念，开设五大板块共100多个科普教育课程。

02 南京玫瑰园

省级科普基地
电话：025-85285858
开放时间：8:00-17:00
地址：溧水区石湫街道光明路168号

集玫瑰花种植、玫瑰系列产品研发、旅游观光、休闲度假、科普教育、农事体验于一体的综合性休闲度假园区。园区拥有玫瑰花田、玫瑰花谷和玫瑰树林近千亩，以休闲体验为特色，集养生、科普功能于一体，长期开展精彩纷呈的玫瑰主题活动，引导游客体验玫瑰文化。

03 南京梦杨农业科技有限公司

省级科普基地
电话：17761716119
开放时间：8:30-17:00
地址：溧水区晶桥镇笪村行政村孙家村

梦杨农业科技有限公司是溧水撤县改区后成立的第一家农业科技公司，也是南京市目前唯一一家专门从事杨梅良种引繁、基地建设、产品开发和科技咨询、培训、服务的农业科技企业，其科普教育示范基地建有农事亲子体验项目。

04 江苏三叶园林股份有限公司梦华苑科普教育基地

省级科普基地
电话：13665152843
开放时间：8:00-16:00
地址：溧水区和凤镇破墙围村

这是以春花秋色为主题的四季花园，占地750亩，种有1000多属、2000多种植物，为学生学习植物知识、开展研学活动提供了实物资源。基地常年开展游园科普、植物科普讲座、植物手工制作、学生科技学农等活动。

05 南京溧水防灾减灾科普教育体验馆

省级科普基地
电话：025-57210068
开放时间：需要团体预约
地址：溧水区天生桥大道市民之家7楼

体验馆设有灾害下的生存危机、认知灾害、多种灾害的监测与预警、多种灾害下的生存与智慧、综合逃生自救体验及5D风云剧场6个展区35个展项，通过图文展板、视频影音、互动体验、场景复原等手段，普及灾害防御知识。

06 南京国家农业高新技术产业示范区（白马高新区）

省级科普基地
电话：025-57250060
开放时间：团体预约
地址：溧水区白马镇

以绿色智慧农业为主题，以生物农业为主导产业，努力建设国际农业科技合作示范区、长三角农业科技创新策源地、科技振兴乡村样板区，总面积145.86平方公里，区域范围为南京市溧水区白马镇全域。

07 江苏第二师范学院生物多样性博物馆

省级科普基地
电话：17768115186
开放时间：需要团体预约
地址：溧水区石湫街道新河西路6号

南京市溧水区唯一以大学为依托的生物多样性博物馆，是集科研、教学与大众科普于一体的生物多样性教育基地，以中国东部昆虫和江苏鸟类多样性为特色。

08 龙吟湾生态园

市级科普基地
电话：18912930779
开放时间：9:00-16:00
地址：溧水区晶桥镇笪村刘家山路66号

主营亲子农耕文化旅游，其中以茶文化、栗学堂为特色。根据农时节气，推出应季活动，让孩子在劳动中学习体验，更好地领会书本知识。

09 白鹿苑生态园

市级科普基地
电话：18652949835
开放时间：8:00-17:00
地址：溧水区东屏镇白鹿村

占地约3000亩，涵盖六大功能区，以生产绿色、有机农副产品为产业支撑点，以发展金陵黄枫与杨氏猕猴桃为特色，以打造原生态乡村度假区为载体，以丰富的体验活动为纽带，将园区建成精品休闲旅游胜地。

10 华成蔬菜专业合作社

市级科普基地
电话：18061289390
开放时间：8:00-17:00
地址：溧水区和凤镇飞塘村

集蔬菜种植、配送、销售及农业科技咨询与科普教育、休闲旅游于一体的合作经济组织，现有蔬菜产业基地2008.53亩，并建有现代化科普教育和休闲旅游中心、休闲采摘和农事体验创意农园，是打造集农、旅、文、教于一体的高效农业示范基地。

11 南京全丰农业科普教育示范基地

市级科普基地
电话：13245896333
开放时间：9:00-17:00
地址：溧水区白马镇南乡莓园

以蓝莓为主题的创意农园，已建成蓝莓、杨梅、蜜桔等四季花果采摘区、休闲观光与亲子娱乐区、科普教育与农耕研学区、水岸露营广场、生态垂钓区等，是亲近自然的休憩空间。

12 南京石燕农地科普教育示范基地

市级科普基地
电话：025-57400520
开放时间：8:00-16:30
地址：溧水区晶桥镇芝山村

基地有绿色富硒种植2000多亩，科普展教面积34500平方米，户外活动面积336万平方米，打造“铜山战斗纪念广场”红色阵地，配套餐饮、会议、民宿、酒窖，以及瓷窑、豆腐坊、蜂场等科普体验馆。

13 南京丽山音乐农场

市级科普基地
电话：18114808182
开放时间：需要预约
地址：溧水区东屏街道丽山村1号

农场占地近700亩，典型的江南丘陵地貌，田园风光秀美，农副产品丰富，可以体验射箭、真人CS、彩虹滑道、旱地龙舟、网红桥、自助烧烤，以及大锅灶、钓虾摸鱼、蔬果采摘等唯美田园生活。

14 南京幸庄科技产业园科普教育示范基地

市级科普基地
电话：025-56209232
开放时间：9:00-17:30
地址：溧水区秦淮大道288号

聚焦人工智能、新材料、大健康主导产业，大力引进培育行业龙头企业及信息技术、智能制造、高端装备等产业链关联企业，以科技创新、绿色健康、智慧运营为内涵，打造产城融合新标杆。

高淳区

01 南京市高淳区中华绒螯蟹博物馆

省级科普基地
电话：025-57808798
开放时间：需要预约
地址：高淳区砖墙镇螃蟹文化产业园

建筑面积2300多平方米，由科普、文化、精神三部分组成。以“蟹文化”为主线，以标本实物、科普知识、文化故事为依托，以高淳生态养殖产业为线索，力求成为中国一流的螃蟹主题博物馆。

02 高淳陶瓷科普教育基地

省级科普基地
电话：025-57398888
开放时间：9:00-17:00
地址：高淳区经济开发区汶溪路387号

设有中国历史名窑作品展、中国当代国家用瓷展、中国陶瓷艺术大师作品展及高淳陶瓷品牌瓷器展，展陈面积1万平方米，展现了久远璀璨的中国陶瓷文化和当代中国日用陶瓷的最高成就。在这里，游客可变身“陶瓷匠人”，体验拉胚、盘泥、修坯等古法制陶工艺。

03 光大再生能源（南京）有限公司

省级科普基地
电话：025-56801123
开放时间：需要预约
地址：高淳区东坝街道新源路1号

毗邻中国最早的运河——胥河，占地90亩，日处理生活垃圾500吨，使高淳区城市生活垃圾真正实现了无害化、减量化、资源化综合利用。致力于科普知识宣传，不断增强公众对科普活动的参与意识。

04 新四军一支队司令部旧址

省级科普基地
电话：025-57330757
开放时间：8:30-17:00
地址：高淳区淳溪街道中山大街93号

新四军一支队开辟茅山根据地挺进苏南的第一站。原为吴氏宗祠，始建于清乾隆年间，共有三进，每进之间设天井，建筑面积共有800多平方米。现为江苏省文物保护单位、江苏省爱国主义教育基地、南京市党史教育基地。

05 江苏龙湖生态农业科技有限公司

市级科普基地
电话：15250976276
开放时间：9:00-17:00
地址：高淳区漆桥街道溪社区大里线里溪村

占地2700余亩，集农业种养、花卉观赏、水果采摘于一体。建有专门的农事体验场地，是广大市民农业科普、农事休闲的好去处。

06 南京市高淳区博物馆

市级科普基地
电话：025-68616278
开放时间：周一至周五9:00-17:00
地址：高淳区石臼湖南路7-1号

是集收藏、研究、陈列展览、教育于一体的地方综合性博物馆，坐落于风景秀丽的保圣寺塔公园内，于2013年11月建成并向社会免费开放。现展区面积近3000平方米，有基本陈列厅2个、临时展厅1个。

07 高淳固城湖水慢城

市级科普基地
电话：025-68765036
开放时间：8:30-17:00
地址：高淳区迎湖路9号

以水上天堂、度假胜地、国际赛场、宜居家园、休闲乐园、生态基础为特色，集观光、休闲、度假、体验、娱乐、运动、康体、美食等多种功能于一体，建有百荷园、金沙滩、滨湖花海、湿地动物园等观光型景点。

08 约童青少儿科技创客科普示范基地

市级科普基地
电话：13770897866
开放时间：8:30-20:00
地址：高淳区丹阳湖北路17号1楼

有“约童云”Scratch程序设计课程、“STEAM”创新教育、“约童合伙人”品牌加盟三大发展方向，主要服务对象为4~16岁青少年、校园、编程教育创业者。

09 南京市高淳区古柏中心小学

市级科普基地
电话：025-68616501
开放时间：8:00-16:00
地址：高淳区古柏街道韩村集镇

省、市科技教育特色学校，南京市星光教育基地校。常年开设机器人、无人机、3D、电子百拼等科技社团，并建有校科技史室、科学体验室、虚拟现实体验室等，是古柏街道开展青少年活动的主阵地。

10 南京机电职业技术学院

市级科普基地
电话：025-86676222
开放时间：需要预约
地址：高淳区鹿鸣大道33号

学院始建于2015年，建筑总面积9601.98平方米，由数字化工厂、3D打印中心、工业机器人实训基地、ICT产教融合平台、无人机工坊、激光切割工坊、陶艺工坊等场馆组成，融学术研究、人才培养、文化教育、创新体验、社会教育于一体。

江北新区

01 材料化学工程国家重点实验室（南京工业大学）

国家级科普基地
电话：025-83172262
开放时间：需要预约
地址：江北新区浦珠南路30号

实验室大力弘扬科学精神，积极在中小学生中开展科学知识普及，科学精神、科研技能锻炼和科研素养的培育工作；加强组织融通，推广科技成果，为地方、企业提供科技支持，为广大社会公众普及传播科学知识。

02 赛孚城应急安全中心（南京）

国家级科普基地
电话：18852952037
开放时间：需要预约
地址：江北新区星火E方4、5幢

江苏省首家全实景灾难体验中心，内设五大主题、12个大项、多个小项的安全体验项目，面积约3000平方米，被评为全国科普教育基地、江苏省科普教育基地、江苏省防震减灾科普教育基地、南京市科普教育基地、南京市研学基地。

03 江苏格冠生态园

国家级科普基地
电话：18912930779
开放时间：需要预约
地址：江北新区盘城街道落桥社区盘城葡萄庄园

格冠集团坚持走生态农业的道路，围绕“四季果园、夜间经济、青少年校外实践基地”主题，融合农耕文化和生态旅游，打造集吃、住、行、游、娱、购六大全景旅游模式于一身的农业综合体，形成一套可复制可推广的农业发展模式，致力于让更多人服务农业、创新农业，不断推进产业融合发展。

04 大气海洋综合观测科普教育基地

省级科普基地
电话：025-53699954
开放时间：需要预约
地址：江北新区宁六路219号南京信息工程大学

依托国家“双一流”建设高校大气科学、应用气象学、海洋科学、环境科学等优势学科资源，常年面向公众开展气象探测、防灾减灾、环境保护、农业气象等方面的科普宣传，并承接青少年科普研学、社会实践等青少年科普活动。

05 南京科技职业学院科普馆

省级科普基地
电话：025-58372309
开放时间：需要预约
地址：江北新区欣乐路188号南京科技职业学院

依托学校225个国家级、省级实验室和实训基地，围绕5个国家级重点建设专业群、2个中央财政支持重点建设专业、4个省级重点专业群、7个江苏省品牌专业等资源建成科普实践体验中心16个，含节能环保、化工新材料、先进制造等领域。

06 南京信息工程大学自动化学院

省级科普基地
电话：025-58731059
开放时间：需要预约
地址：江北新区宁六路219号

依托学校大气科学、信息科学等特色学科群优质资源建立，两次获批江苏省科普教育基地。开放大数据与人工智能、机器人、智慧工厂、气象仪器、新能源等实验室，可面向中小学生、社会团体等开展科普教育活动。

07 爱飞客航空运动科普基地

省级科普基地
电话：13914767392
开放时间：9:00-17:00
地址：江北新区青奥体育公园

集航空科普、模拟飞行、航模培训、成人及在校生无人机职业培训、无人机作业服务、比赛展会承办等于一体，致力于让青少年在寓教于乐中充分了解航空文化的发展历程、飞行器设计的基本原理，培养他们对于航空和飞行的热爱。

08 南京可口可乐观光工厂

省级科普基地
电话：025-68726771
开放时间：周二至周日9:30-16:30
地址：江北新区新科二路26号南二门

江北新区第一家省级工业旅游示范基地，以博物馆、视听室、手工室、纪念品商店、生产参观走廊为吸引，融合了可口可乐悠久的百年文化历程，提供了集求知、购物、观光等多方位于一体的综合型旅游产品。

09 超级队长VR技术应用科普教育基地

省级科普基地
电话：13924256766
开放时间：周一至周五9:00-17:00
地址：江北新区星火路11号动漫大厦

成立于2015年，是国内领先的企业元宇宙服务品牌，专注于虚拟现实技术研发，以标准化3D沉浸式产品和虚拟空间运营，服务企业和商用场景。

10 南京工业大学知识产权科普教育基地

省级科普基地
电话：025-58139265
开放时间：需要预约
地址：江北新区浦珠南路30号

依托学校图书馆丰富的资源、良好的环境、高素质的人才队伍、多样化的服务手段开展科普工作。旨在以国家信息化建设和社会创新发展的重大需求为导向，进行知识产权专利预警及战略研究、知识产权科普教育、知识产权职能培训。

11 江苏铁路教育馆

省级科普基地
电话：025-68532981
开放时间：需要团体预约
地址：江北新区珍珠南路65号

分为综合馆和高铁馆。综合馆设江苏铁路百年历程展览，以时间为主轴，以重大事件为节点，通过图文、影像及模型等形式，展示江苏铁路140多年发展历程和取得的辉煌成就。高铁馆设“高速铁路技术装备与安全防范”展览，着重于高铁技术相关知识的普及和教育。

12 1934文化产业园

市级科普基地
电话：13655189169
开放时间：周一至周六9:00-17:00
地址：江北新区凤凰南路233号

江北新区首个老工业基地和非物质文化遗产转型的科普教育基地，前身为“中国化工之父”范旭东先生创立的永利铔厂。设有科普展示厅、迷你科普馆、实验课堂体验区、工业设备展厅、工业遗存参观区等，总面积达5000平方米，为游客提供沉浸式工业旅游体验。

13 赛孚城

市级科普基地
电话：13160052881
开放时间：周一至周五8:30-17:00
地址：江北新区宁六路606号研发中心二期

展示中心占地2300平方米，主要展示新材料科技园3D沙盘、科技园企业自主研发的创新材料成品和其他各类型创新材料。

14 南京生物医药谷展厅

市级科普基地
电话：18936890986
开放时间：9:00-18:00
地址：江北新区龙山南路3-1号中丹园B座一层

展厅面积约2000平方米，设有科技展品厅、互动俱乐部等功能区域，科普教育板块设有裸眼3DU幕区、移动轨道屏幕互动区、全息产品互动区、高科技产品展示区等十大主题。

15 南京市江北新区少年宫

市级科普基地
电话：025-57794287
开放时间：需要预约
地址：江北新区新华西路127号

集青少年科技创新、艺术训练、展示交流、社会实践、体育高水平运动员培养于一体，拥有青少年现代工业文明体验馆、安全教育体验馆等功能室，常年开展怡情益智的文艺、科技、体育和社会实践活动。

16 南京信息工程大学应用气象及生态科普教育基地

市级科普基地
电话：025-58731193
开放时间：需要预约
地址：江北新区宁六路219号

现有各类实验室总面积2500平方米，涉及农业气象观测、作物生长观测等科学领域；建有大型水肥控制试验场、智能温室、作物标准园、大型人工气候室等，可面向不同群体开展科普教育活动。

17 防灾减灾综合科普教育体验基地

市级科普基地
电话：025-58242759
开放时间：9:30-17:00
地址：江北新区侨康路20号龙山社区党群服务中心4楼

以认识、了解、抵御灾害为目标，运用“场景体验+流程互动+技能提升”多维一体方式，搭建“智能化、数字化、科技化”平台，开设防灾减灾知识科普区、VR互动体验区、点播学习区、技能体验区、安全科普区等六个功能区。

18 南京市江北新区玉带实验学校

市级科普基地
电话：025-68139913
开放时间：需要预约
地址：江北新区玉带实验学校

科普基地活动面积5000平方米，在学校“少年科学院”组织下，主要开展航空模型、航海模型、车辆模型、无线电测向、电子百拼、发明创新等活动。

准备一个色子，每人用不同颜色的彩纸做一个棋子，然后轮流掷色子，再沿着棋盘移动棋子。
起点
2
3
4
追逐蝴蝶，后退2格
7
吃到毒蘑菇，中毒了，停止1次
9
遭遇暴雨，后退1格
敲响钟鼓，再掷1次
13
“乘坐”王莲，前进3格
15
解锁指纹密码，前进1格
17
偶遇江豚，前进2格
25
26
哪种螃蟹不会横着走？答错回到起点
发射迫击炮，可指定任何一人回到起点
采集蜂蜜，前进1格
32